电力信息物理系统网络安全

朱晓伟　著

北京理工大学出版社
BEIJING INSTITUTE OF TECHNOLOGY PRESS

内 容 简 介

本书共包含 10 章, 首先, 介绍了电力信息物理系统 (CPS) 的定义、功能、特点及架构; 其次, 探讨了电力 CPS 面临的网络安全挑战、分层网络安全防护体系、攻击建模与分析、基于直流潮流模型的建模技术, 以及智能技术在电力 CPS 网络安全中的应用; 再次, 讨论了电力 CPS 中的隐私保护、身份认证与访问控制、入侵检测与防御机制等关键问题; 最后, 总结了电力 CPS 的网络安全防御模型与实现方法, 提出了智能防御与恢复机制。

本书适合电力信息物理系统网络安全领域的研究生, 以及电力行业的技术人员、研究人员和管理者阅读。

图书在版编目 (CIP) 数据

电力信息物理系统网络安全 / 朱晓伟著. -- 北京 :

北京理工大学出版社, 2025. 6.

ISBN 978-7-5763-5540-6

Ⅰ. TM7

中国国家版本馆 CIP 数据核字第 2025MC3772 号

责任编辑: 李海燕 　　**文案编辑:** 李海燕
责任校对: 周瑞红 　　**责任印制:** 施胜娟

出版发行 / 北京理工大学出版社有限责任公司
社　　址 / 北京市丰台区四合庄路 6 号
邮　　编 / 100070
电　　话 / (010) 68914026 (教材售后服务热线)
　　　　　　(010) 63726648 (课件资源服务热线)
网　　址 / http://www.bitpress.com.cn

版 印 次 / 2025 年 6 月第 1 版第 1 次印刷
印　　刷 / 涿州市新华印刷有限公司
开　　本 / 787 mm×1092 mm　1/16
印　　张 / 11. 5
字　　数 / 262 千字
定　　价 / 60. 00 元

前 言

随着现代电力系统的不断发展，电力信息物理系统（Cyber-Physical Systems，CPS）已成为实现智能电网功能的关键技术之一。电力 CPS 的特点在于将物理层面的电力基础设施与信息层面的通信和控制系统紧密结合。这种融合不仅提高了电力系统的管理效率和自动化程度，也带来了更多的网络安全隐患。随着信息技术的广泛应用，电力系统面临的网络攻击、恶意软件、数据泄露等安全威胁日益严重，使电力 CPS 的网络安全问题成为全球关注的焦点。

全球能源和电力行业逐渐认识到，随着电力系统复杂性和互联性的增加，传统的物理安全措施已无法应对来自信息层的威胁。近年来，电力 CPS 遭受的恶意攻击事件频发，特别是在一些国家和地区，黑客通过网络攻击导致电力中断、经济损失和社会影响的案例屡见不鲜。这些问题使电力 CPS 的网络安全防护成为全球电力行业面临的焦点和挑战。

本书针对信息物理系统的网络安全问题，系统性地阐述了电力 CPS 的基本概念、体系结构及其网络安全挑战，并深入探讨了各类威胁的成因、攻击方式以及相应的防护策略。全书共分为 10 章，第 1 章介绍了信息物理系统的基本概念、特点与组成部分，深入探讨了信息系统与物理系统的相互关系。第 2 章分析了 CPS 所面临的主要网络安全挑战，详细讨论了黑客攻击、恶意软件、数据泄露等安全威胁，特别强调了系统复杂性和高度互联性所带来的安全风险，并简要介绍了国内外关于电力 CPS 网络安全的研究现状。第 3 章深入解析了 CPS 的网络安全分层体系结构，涵盖物理层、网络层、数据层和应用层的安全防护措施，重点探讨了每一层次的具体安全威胁及其应对策略。第 4 章讨论了电力 CPS 中的攻击建模与分析，涵盖了物理攻击、网络攻击及混合攻击等内容，介绍了如何通过建模方法评估系统运行的影响，并提出了针对不同攻击类型的检测和预防措施。第 5 章则探讨了基于直流潮流模型的建模技术，分析如何通过精确的建模来优化电网的运行效率和安全性。随后，第 6 章详细介绍了智能技术在电力 CPS 安全中的应用，包括机器学习、人工智能、大数据分析等技术如何帮助提升系统的安全性。第7章讨论了CPS中的隐私保护问题，探讨了数据加密、数据匿名化及访问控制策略等技术在电力系统中的应用。第8章进一步扩展讨论了身份认证与访问控制技术，介绍了传统方法与基于区块链、零信任架构等新技术的解决方案。第9章聚焦于入侵检测与防御机制，详细阐述了现有的入侵检测系统类型及其功能，并探讨了如何在实时环境中进行监控和响应。最后，第10章综合总结了CPS的防御模型与实现方法，提出了智能防御与恢复机制，分析了不同防御策略的优劣及其优化方案。

本书由广东电网有限责任公司阳江供电局的朱晓伟高级工程师著，本书的内容是作者在实验室多年研究的总结，由于本人能力有限，错误之处在所难免，请广大读者批评指正。

目 录

第1章　电力信息物理系统概述

电力工业作为负责生产、输送和分配电力的工业部门，在国民经济发展中具有举足轻重的作用。为此，国家大力推进电力系统的信息化建设，贯穿发电、输电、配电和用电的各个环节，推动电力信息网与电力系统的深度融合，促进厂站、调度和配电的自动化，最终实现建设电力信息物理系统的目标。

随着智能电网建设的推进，电网中的传感器数量和决策单元大量增加，信息网络规模不断扩大，电力系统的自动化程度迅速提升。此外，随着能源互联网的普及，越来越多的外部信息通过互联网技术和多样化的通信方式直接或间接影响电力系统的调度与控制决策，使电力网与信息网的交互机制更加复杂。信息物理系统（Cyber-Physical System，CPS）通过 3C 技术 ［Computation（计算）、Communication（通信）、Control（控制）］将计算控制系统、通信网络和物理环境有机融合，形成一个实时感知、动态控制和信息决策一体化的复杂系统[1]。因此，为确保电力系统的安全、稳定与经济运行，必须引入先进的信息通信与计算技术，来实现海量数据的采集、传输和处理，推动信息系统与电力系统的深度融合。现代电力系统已经发展成为电力网与信息网高度融合的电力信息物理系统（Electrical Cyber-Physical System，ECPS）[2-5]。

本章将重点介绍电力信息物理系统的定义、特点及其组成部分，阐述信息系统与物理系统的相互关系，进一步探讨这一系统在电力领域的广泛应用及其发展前景。这些基础概念将为后续章节中讨论的网络安全问题和解决方案奠定理论基础。

1.1　电力信息物理系统的定义与基本概念

随着电力系统的不断发展和信息技术的深度融合，电力信息物理系统（简称电力 CPS）成为电力行业中一项至关重要的技术。电力 CPS 作为一种融合物理过程和计算能力的集成系统，它通过嵌入式设备、传感器、通信网络、控制系统等信息技术来管理和优化电力的生产、传输、分配和使用。随着智能电网的快速发展，电力 CPS 的概念被广泛应用于现代电力系统，成为确保电网高效、安全、可靠运行的关键。

1.1.1　电力信息物理系统的兴起与背景

在传统电力系统中，物理过程主要依赖于集中控制和人工操作，例如发电、输电和配电。随着全球能源需求的增长，以及对可再生能源如风能、太阳能等的依赖性增强，电力系统变得更加复杂和分散。为了提高电力系统的可靠性和效率，信息技术逐渐被引入电力系统的管理和控制中。最早的数字化应用包括简单的远程监控、数据采集［如数据采集和监视控制（Supervisory Control and Data Acquisition，SCADA）系统］，但这些技术并未实现系统的深度融合。

随着智能电网的出现，信息物理系统的概念在电力行业逐渐成熟。电力 CPS 将传统电力系统与现代信息技术深度融合，利用传感器、嵌入式设备、物联网（Internet of Things，IoT）和云计算等技术，对电力系统的实时运行状态进行感知和控制。这种新型的系统不仅大大提高了电力系统的自动化程度，还通过智能算法对数据进行处理和分析，实现了预测性维护、负荷调节、能源管理等功能，使电网更加智能化和高效运行。表 1-1 中列出了传统电力系统与电力信息物理系统的主要区别。

表 1-1　传统电力系统与电力信息物理系统的主要区别

维度	传统电力系统	电力信息物理系统
控制方式	集中式控制，依赖人工干预和手动调整	分布式控制，自动化决策和实时调整
数据采集	基于人工巡检和定期数据采集	实时数据采集，通过传感器和智能设备自动化执行
调度与管理	静态调度和人工调节，响应较慢	动态调度和优化，通过智能算法自动响应需求变化
通信架构	传统电力通信网络，传输速度和带宽有限	高速通信网络，支持大规模数据的实时传输
自适应能力	自适应能力差，缺乏灵活应对机制	高度自适应，能够根据实时数据调整系统运行模式
网络安全性	较少关注网络安全，依赖物理安全性	网络安全至关重要，需要高度防护和加密机制

1.1.2　电力信息物理系统的定义

信息物理系统（CPS）的概念最早由美国国家自然科学基金会（National Science Foundation，NSF）于 2006 年提出并具体阐述为："通过计算核心实现监测、控制、集成的物理、生物和工程系统；计算被深深嵌入到每个互联的物理组件或物料中；计算核心是一个需要实时响应的嵌入式系统；其行为是逻辑计算和物理行为的一体化融合过程"[6]。自该概念提出以来，美国、德国及欧盟等多个国家和组织纷纷开始探索 CPS 技术及其应用，研究领域涵盖能源、制造、交通运输和城市建设等方面。

我国在推动 CPS 发展方面采取了一系列措施，并发布了相关政策文件。2015 年 5 月，国务院印发了《中国制造 2025》（国发〔2015〕28 号），这是我国推动制造业转型升级的重要战略规划。该文件中指出，基于 CPS 的智能装备、智能工厂等智能制造正在引领制造方式的变革，强调要围绕控制系统、工业软件、工业网络、工业云服务和工业大数据平台等领域，强化 CPS 的研发与应用。2016 年 5 月，国务院发布了《国务院关于深化制造业与互联网融合发展的指导意见》（国发〔2016〕28 号），明确提出"构建信息物理系统参考模型和综合技术标准体系，建设测试验证平台和综合验证试验床，支持开展兼容适配、互联互通测试验证"。为落实该指导意见中的相关要求，2017 年 3 月，工信部发布了《信息物理系统白皮书（2017）》，其中定义 CPS 为"通过集成先进的感知、计算、通信、控制等信息技术和自动控制技术，构建了物理空间与信息空间中人、机、物、环境和信息等要素相互映射、适时交互、高效协同的复杂系统，以实现系统内资源的按需响应、快速迭代和动态优化"[7]。

2020 年 8 月，中国电子技术标准化研究院在北京召开了新一代信息技术标准论坛——信息物理系统（CPS）分论坛，会议发布了《信息物理系统建设指南（2020）》（以下简称《指南》）。该《指南》从概念、路径和保障三个层面详细分析了 CPS 的国内外研究进展，梳理了 CPS 为企业带来的典型价值场景，提出了 CPS 建设中的"人、机器、数字孪生体"三要素及"人智、辅智、混智、机智"四种建设模式，明确了 CPS 技术体系和安全支撑，并介绍了典型行业的 CPS 建设实践。

随后，我国在 2021 年发布了两项关于 CPS 的基础性国家标准：《信息物理系统 参考架构》（GB/T 40020—2021）和《信息物理系统 术语》（GB/T 40021—2021）。这些标准为 CPS 的设计、开发和测试等工作提供了有效指导。图 1-1 展示了一个典型的 CPS 体系架构，其中"感知""计算"和"控制"是方法，"传感器"和"执行器"是接口，物理系统与信息系统通过"通信"实现融合。

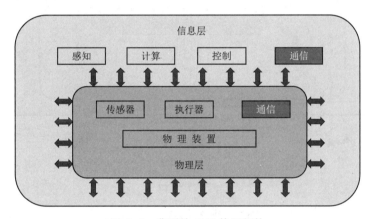

图 1-1　典型的 CPS 体系架构

将信息物理系统的概念应用于电力行业时，物理层即为电力网，包括发电机、负荷、断路器、输电线路等一次设备；信息层为电力信息网，涵盖各类监测设备、控制装置、计算设备和通信网络设备等二次设备以及信息传输设备[8]。在运行过程中，电力信息网的监测设备（如智能传感器、智能电表、远程测控单元等）将电力网的运行状态信息（电压、电流、功率、频率等）通过通信网络传输到各级调控中心的计算服务器。服务器根据系统的当前运行工况及调度员的指令，生成相应的控制策略，并通过通信网络将控制指令发送至各设备终端，由设备终端执行相应操作。

图 1-2 展示了包含主要电力设备、通信设备和通信协议的电力信息物理系统结构。电力信息网与电力系统的互联方式为层级结构，即通过安装在一次设备上的二次设备（如传感器）向变电站传输数据，变电站汇总数据后与该层调度中心通信，上传终端数据或接收控制信号。在电网终端层面，主要设备包括发电机组、变电站和线路断路器；调度中心层面的关键设备为前置机系统和主机系统。测控设备则主要包括传感器（如电流传感器、电

压传感器）、远程测控单元（RTU）、配电终端单元（DTU）、馈线终端单元（FTU）和分布式控制系统（DCS）。数据通信协议包括变电站通信协议（IEC 61850）、远动通信协议（IEC 61870-5）和计算机通信协议（IEC 61870-6）等；通信方式则主要有光纤通信、电力线载波通信和无线通信等。

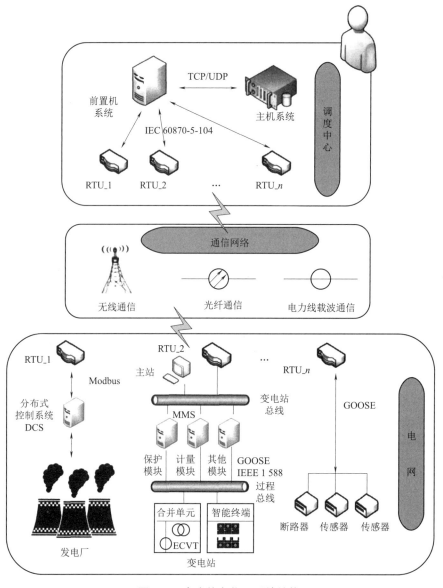

图1-2　电力信息物理系统结构

电力CPS与传统的电力控制系统不同，后者通常只处理物理设备的运行状态，信息处理和控制相对独立，而CPS强调信息与物理系统的深度融合。在电力CPS中，计算与物理系统并行运行，物理设备不仅执行任务，还通过传感器持续反馈数据，信息系统则根据反馈数据实时调整设备运行[9]。

1.1.3　电力 CPS 的主要功能

电力 CPS 在多个领域中展示了其核心功能，特别是在电力传输、分配、能源管理、负荷调节等方面。表 1-2 列出了电力 CPS 的几个典型功能应用，展示了它在电力系统各个环节中如何发挥关键作用。

表 1-2　电力 CPS 的几个典型功能应用

应用场景	说明
智能输电与配电	电力 CPS 通过智能化传感器和控制设备实时监控输电线路和设备的状态，实现故障检测和自动切换，避免故障停电
智能电表与需求管理	电力 CPS 通过智能电表采集用户用电数据，帮助用户优化用电模式，提高用电效率；同时，CPS 还能根据需求预测进行用电管理
新能源接入与调度	电力 CPS 实时监测新能源的发电和电网状态，自动调节发电和需求，确保新能源的高效利用和电网的稳定
电力系统的自愈功能	电力 CPS 具备自愈功能，能够在系统发生故障时自动隔离故障区域并快速恢复供电，确保系统的持续稳定运行
实时监控与优化管理	电力 CPS 对电力系统进行实时监控，通过数据分析和决策，保障电网高效运行，特别是在高峰用电时优化负载，减少用电压力
灾害应急管理	电力 CPS 在灾害发生时（如地震、洪水等）可以实现快速响应和自动恢复功能，降低灾害对电网的影响并确保供电稳定
新能源与分布式发电	电力 CPS 支持新能源和分布式发电的接入，通过智能协调整个电网的运行，确保电网的稳定性和高效性

1.2　电力 CPS 的特点及其组成部分

电力 CPS 是当今智能电网的核心技术之一，通过信息技术与物理电力设备的深度融合，实现对电力系统的全方位监控、分析和控制。电力 CPS 不仅具备传统电力系统的传输与分配功能，还通过智能化手段提升了系统的实时响应能力、故障自愈能力以及整体优化能力。在本节中，我们将简要探讨电力 CPS 的特点及其组成部分。

1.2.1　电力 CPS 的特点

电力 CPS 具有以下几个特点。

（1）集成性（Integration）

集成性是电力 CPS 的核心特点之一。电力 CPS 通过整合物理电力设备和信息技术，将各类传感器、执行器、控制器与数据处理系统无缝连接，形成一个互联互通的系统。相比于传统电力系统，电力 CPS 不仅是物理设备之间的简单连接，更是在信息与物理层面的深度融合。通过集成，电力 CPS 能够将电力设备的运行数据、环境数据等信息实时传递到控制中心，从而实现对系统的全局感知与智能调控。

例如，在电网的实际运行中，传统电力系统依赖人工检查设备运行状态，而电力 CPS 能够通过安装在设备上的传感器，实时监测发电设备、输电线路及配电网的运行状态，并将这些数据传输至控制中心进行分析，控制系统则根据数据的变化作出调整。这种集成性大大提升了电网的运行效率和可靠性。

（2）实时性（Real-Time Capability）

实时性是电力 CPS 的另一个重要特点。电力系统的运行状态复杂多变，任何一个环节的失误或故障都会影响整个系统的正常运行。因此，电力 CPS 必须具备实时监测和响应能力，以确保系统在发生异常时能够快速调整并恢复正常运行。

实时性的实现依赖于高效的数据传输和处理能力。通过高速通信网络和计算能力，电力 CPS 能够在毫秒级的时间内采集、传输和处理大量的运行数据，并将结果反馈给相关设备。这种毫秒级的响应时间使电力 CPS 可以有效防止小故障演变为大规模电力中断。例如，当输电线路发生过载时，CPS 能够实时监测电流和电压的变化，并通过自动调节其他线路的负荷，避免过载进一步加剧。

（3）智能化（Intelligence）

智能化是电力 CPS 相较于传统电力系统的显著优势。借助于先进的人工智能、机器学习、数据分析等技术，电力 CPS 能够从海量的历史数据和实时数据中学习和提取有价值的信息，以此来优化系统的运行状态、预测未来的负载需求、检测潜在的设备故障，并提前采取措施。

通过智能化手段，电力 CPS 实现了自适应控制和预测性维护。例如，通过机器学习算法，CPS 可以分析电力需求的历史数据，预测未来的负载变化，并根据预测结果调整发电计划。此外，CPS 还能够通过故障模式分析，提前发现设备运行中的异常，并通过远程控制或自动维护机制，防止故障发生。

（4）分布式控制（Distributed Control）

分布式控制是电力 CPS 中的一项关键技术。传统的电力系统通常采用集中式控制模式，即所有的控制决策由一个中央控制中心负责。然而，随着电力系统规模的扩大和复杂度的提升，集中式控制的缺点日益显现：一旦中央控制系统失效，整个电网可能面临瘫痪的风险。

电力 CPS 通过分布式控制机制，赋予系统中的各个节点一定的自治能力，使其能够根据局部状态作出快速决策。这种分布式控制不仅降低了系统对中央控制系统的依赖，还提高了系统的容错能力。例如，在风力发电场中，每一个风机可以自主监控其运行状态，并根据风速、发电量等条件调整自身的运行参数，而不需要依赖中央控制系统的指令。

（5）自愈性（Self-Healing）

自愈性是电力 CPS 的一个重要特性，意味着系统在发生故障时，能够自动检测并恢复正常运行。自愈功能通常依赖于传感器网络、实时数据分析和自动控制技术。通过这些技术，CPS 能够快速检测系统中的故障点，并采取相应的隔离措施，避免故障蔓延。随后，系统可以根据当前的运行状态和负载需求，自动调整发电量和负荷分配，确保电力供应的连续性。

例如，在一个拥有自愈功能的智能配电系统中，当某一条配电线路发生故障时，CPS

能够立即识别故障点，并自动切换到备用线路。同时，控制系统会在后台启动自愈程序，对故障区域进行修复。这种自愈性不仅提高了电网的运行稳定性，还减少了人工干预的需求，提升了系统的整体可靠性。

1.2.2　电力 CPS 的组成部分

电力 CPS 由多个关键组成部分构成，涵盖了物理设备、信息系统和控制机制。这些组成部分紧密协作，确保系统能够高效、稳定运行。

（1）物理设备（Physical Components）

物理设备是电力 CPS 的基础部分，负责实际的电力生产、传输和分配。物理设备包括发电机、变电站、输电线路、配电网、负载设备等。每一个物理设备都有其独特的功能和角色，直接影响电力系统的运行效率和稳定性，如表 1-3 所示。

表 1-3　电力 CPS 的物理设备

名称	说明
发电设备	发电设备包括火力发电、水力发电、风力发电、太阳能发电等多种形式。CPS 通过对发电设备的实时监控和优化调度，确保发电量与负荷需求的平衡，避免能源浪费或电力短缺
输电设备	输电设备负责将电力从发电厂传输到城市和工业中心。输电线路是电力 CPS 中关键的物理组件，通过传感器网络和实时监测，CPS 能够精确控制输电线路的负荷，预防输电过载和电力损失
配电设备	配电设备是将电力分配给终端用户的关键部分。CPS 可以通过智能配电系统实现对每一个用电终端的精确监控和管理。例如，在电力需求高峰期，CPS 可以动态调整配电方案，确保重要用户的供电优先级

（2）信息系统（Information Systems）

信息系统是电力 CPS 的神经中枢，负责采集、处理、传输和存储系统运行数据。通过信息系统，CPS 能够实时监测物理设备的运行状态，并对系统中的异常情况进行分析和预警。信息系统通常由传感器网络、通信网络、数据处理平台、数据存储系统等组成，如表 1-4 所示。

表 1-4　电力 CPS 的信息系统

名称	说明
传感器网络	传感器网络负责采集电力设备的实时数据，包括电压、电流、温度、负荷等参数。这些数据通过通信网络传输到控制中心，为系统的运行决策提供依据
通信网络	通信网络是连接物理设备与控制系统的桥梁。高速、稳定的通信网络能够确保数据的实时传输。常见的通信技术包括光纤网络、无线网络、卫星通信等。现代电力 CPS 通常采用 5G 通信技术，以实现低延迟、高带宽的数据传输
数据处理平台与数据存储系统	数据处理平台是 CPS 中的核心信息系统，通过复杂的算法和模型，对传感器采集的数据进行分析和处理。同时，系统将重要的数据存储在云端或本地数据中心，以备未来决策参考或故障分析之用

（3）控制机制（Control Mechanisms）

控制机制是电力 CPS 中的执行部分，负责根据信息系统提供的数据和分析结果，对物理设备进行操作和调节。控制机制通常包括自动化控制、智能调度和分布式控制三大部分，如表 1-5 所示。

表 1-5　电力 CPS 的控制机制

名称	说明
自动化控制	自动化控制系统可以根据预设的规则和逻辑，自动调整电力设备的运行状态。例如，在负荷过高时，自动化系统会自动增加发电量或切断部分非关键负荷，以确保系统的稳定运行
智能调度	智能调度系统通过实时分析电力系统的负荷需求和发电能力，动态分配电力资源。CPS 可以通过智能调度优化电力传输路径，减少输电损耗，提高电力利用效率
分布式控制	分布式控制机制是一种高度智能化的控制手段，它使 CPS 中的每个节点都可以独立感知周围环境并根据本地数据作出决策，避免了传统电力系统中央控制的单点故障风险。通过分布式控制，各个设备能够协同工作，确保系统整体稳定性

1.2.3　电力 CPS 中的关键技术

为了实现电力 CPS 的高效运作，多个关键技术的应用在其中起了至关重要的作用。以下是电力 CPS 中的几个重要技术组成部分。

（1）物联网（IoT）技术

物联网技术是电力 CPS 中实现设备互联、信息感知与传输的基础技术。通过传感器、控制器和智能电表等物联网设备，CPS 能够收集海量数据，并将这些数据上传至云端或控制中心进行处理。在电力系统中，IoT 技术可以实时监控设备的健康状态、检测故障并优化设备性能。例如，智能电表能够精准记录用户的用电数据，为负荷预测和电价调整提供依据。

物联网的另一个重要功能是实现设备间的智能协作。例如，当某条输电线路出现过载或故障时，CPS 能够通过物联网设备将这一信息实时传递至其他电力设备，并作出相应调整，如切换备用线路或减少某些非关键负荷，以减轻电网的压力。

（2）大数据与云计算

随着电力 CPS 中传感器和智能设备的普及，系统每天都会产生海量的数据。大数据技术使 CPS 能够从这些数据中提取有价值的信息，通过数据挖掘和分析优化电网运行、预测负荷需求、检测设备故障等。例如，通过分析过去几年的用电数据，CPS 可以预测未来几天的电力需求波动，提前做好调度安排。

云计算提供了强大的数据存储和计算能力，使 CPS 能够处理和分析来自不同地区、不同设备的实时数据。此外，云计算的弹性扩展能力也使电力系统能够随时应对不同规模的任务，从而提高系统的灵活性和适应能力。

（3）人工智能与机器学习

人工智能和机器学习技术在电力 CPS 中的应用越来越广泛，特别是在故障预测、优化调度和智能控制等领域。通过训练大量的历史数据，机器学习模型可以自主学习电力设备的运行模式，预测设备的故障风险，并及时提醒操作人员进行维护。例如，CPS系统可以通过分析风力发电机组的振动数据，提前发现潜在的机械故障，从而避免发电中断。

在智能调度方面，机器学习模型能够根据电力负荷的实时变化，动态调整电力传输路径和发电计划，以确保电网的供需平衡。例如，深度学习算法可以通过分析天气、时间、用户行为等多种因素，预测未来的电力需求变化，并智能调整发电量。

（4）边缘计算

随着物联网设备数量的激增，中央服务器的处理负担越来越重，实时性和安全性问题也随之增加。为此，边缘计算技术被引入电力CPS，作为数据处理的有效补充。边缘计算通过将数据处理功能从云端向边缘设备（如智能电表、传感器、路由器等）迁移，能够在本地设备上处理和分析数据，减少传输延迟，提升数据安全性。

在电力系统中，边缘计算的优势在于能够在离线或网络不稳定的情况下继续进行本地计算和控制。例如，边缘节点可以在网络断开时，基于本地数据对电力设备进行应急调控，避免因通信故障而导致电力系统失控。

（5）5G通信技术

5G通信技术为电力CPS提供了高带宽、低延迟和大规模连接的能力。相比于传统的通信技术，5G能够更高效地传输实时数据，并支持更大规模的物联网设备接入。在电力系统中，5G可以显著提高传感器和控制设备的通信效率，确保系统在毫秒级的时间内响应各种电网事件。例如，在大规模电力故障或自然灾害期间，5G通信网络可以确保所有传感器和控制器设备的通信畅通，实现设备间的实时数据传输和协调控制。此外，5G技术还支持无人机和自动机器人在电力设施的巡检和维护中发挥作用，提升运维效率。

1.2.4　电力CPS的系统架构

电力CPS的系统架构通常由多个层次组成，涵盖了物理设备、数据采集、通信传输、数据处理和控制执行等多个环节。典型的电力CPS系统架构包括以下几个主要层次。

（1）感知层

感知层是电力CPS中最底层的组成部分，负责通过各种传感器、智能设备采集电力系统的运行数据。感知层的核心功能是将物理系统的运行状态数字化，并将这些数据传输至上层的信息系统进行处理。常见的感知设备包括电压传感器、电流传感器、温度传感器、振动传感器、智能电表等。

感知层的准确性和可靠性直接决定了电力CPS的监测效果。为了提高感知层的精度，现代电力系统通常会使用高精度、多功能的智能传感器。此外，感知层还需要具备较强的抗干扰能力，以确保在恶劣的电磁环境下，设备能够稳定运行。

（2）通信层

通信层是感知层和控制层之间的桥梁，负责将感知层采集的数据传输至上层的控制中心或云端数据处理系统，同时将控制层的决策指令传输给物理设备。通信层的可靠性、速度和带宽对电力CPS的实时响应能力具有决定性作用。

在现代电力CPS中，常用的通信技术包括光纤通信、无线通信、卫星通信和5G网络。为了确保通信的稳定性和冗余性，电力CPS通常采用多种通信技术的组合。例如，在输电线路的实时监控中，光纤网络可以提供高速的数据传输，而无线通信则为远程的配电设备提供通信保障。

（3）数据处理层

数据处理层是 CPS 的核心信息处理中心，负责对通信层传输的数据进行处理、存储和分析。数据处理层通过大数据分析、人工智能算法和深度学习模型，对系统中的海量数据进行挖掘，提取有价值的信息，从而为控制决策提供依据。

该层次包括数据存储、数据清洗、数据分析等多个模块。例如，CPS 系统中的云计算平台可以存储和处理来自不同地区、不同类型设备的数据，通过数据清洗和归一化，将不同来源的数据转化为统一的格式，便于进一步的分析和建模。

（4）控制层

控制层是电力 CPS 中最上层的组成部分，负责根据数据处理层的分析结果，对电力系统中的物理设备进行控制和调节。控制层通过执行控制指令，实现对发电、输电、配电等环节的优化管理。

控制层通常包括自动化控制系统、智能调度系统和分布式控制网络。例如，在电力需求高峰期，控制层可以根据电网负荷的实时变化，动态调整各发电厂的发电量，确保电力供应的稳定性和安全性。此外，分布式控制网络使得各个设备之间能够进行自主协调，提高了系统的响应速度和容错能力。

1.2.5 电力 CPS 中的安全与隐私挑战

尽管电力 CPS 在现代电力系统中带来了诸多好处，但其高度集成和复杂性也带来了许多安全和隐私方面的挑战。随着电力 CPS 的广泛应用，网络攻击、数据泄露、隐私侵犯等问题也逐渐成为电力行业亟须解决的问题。

电力 CPS 的安全问题主要体现在以下几个方面。

（1）网络攻击

电力 CPS 高度依赖于互联网和物联网技术，任何网络漏洞都可能成为黑客的攻击目标。特别是在跨区域的大型电力系统中，一次网络攻击可能导致广泛的电力中断，造成严重的经济损失和社会影响。

（2）数据隐私保护

随着智能电表和传感器设备的普及，用户的用电数据被广泛采集。这些数据包含了用户的行为习惯和生活模式，因此如何保护用户的隐私成为电力 CPS 的重要议题。

（3）系统安全与容错能力

与系统安全相关的问题包括设备和通信渠道的脆弱性。由于电力 CPS 需要通过互联网与物联网设备进行广泛的连接，任何通信链路或设备上的安全漏洞都可能被黑客利用，导致系统被侵入，进而影响电网的正常运行。在大规模的电力系统中，这种攻击可能会造成广泛的电力中断，甚至威胁国家能源安全。

隐私保护挑战则来自智能电表和其他传感器设备的广泛使用。这些设备会收集大量的用户用电数据，包括具体的用电时间、用电量等细节。这些数据通常能够反映出用户的生活习惯、用电行为和作息时间，因此如何保护用户隐私成为电力 CPS 中的一大关键问题。

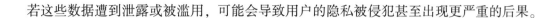

若这些数据遭到泄露或被滥用，可能会导致用户的隐私被侵犯甚至出现更严重的后果。

1.3 信息系统与物理系统的相互关系

电力 CPS 本质上是信息技术与物理系统的深度融合，其设计与运作依赖于两者之间的紧密协作。物理系统是电力 CPS 的基础部分，包含了所有发电、输电、配电设备等，而信息系统则通过数据采集、传输和处理，对物理系统进行监控和调控。这两者的相互关系决定了电力 CPS 的性能和功能，因此，理解信息系统与物理系统如何交互，以及如何确保这种交互的安全性，对电力 CPS 的高效运行和网络安全至关重要。

1.3.1 信息系统与物理系统的交互流程

信息系统与物理系统之间的交互流程可以被看作一个"感知—传输—分析与决策—执行反馈"的闭环控制过程，这一过程通过多个环节的相互协作，确保电力系统在各种工况下的高效运行。以下是详细的交互步骤：

（1）感知阶段

物理系统中的传感器、智能电表等设备会实时监测电力系统的关键参数，如电压、电流、温度、设备状态等。通过这些传感器，信息系统能够持续获取物理设备的运行状态。这些数据包括电网的负载变化、发电机组的工作状态、输电线路的电压波动等，这些信息为系统的调度和优化提供了基础。

（2）传输阶段

感知到的数据通过通信网络传输至信息系统中的数据处理中心。这一阶段依赖于高速、低延迟的通信技术，例如光纤网络、5G 通信技术和卫星通信等，确保数据能够实时、稳定地传输至控制中心。同时，这一过程要求通信网络具备较高的安全性和抗干扰能力，以防止外部攻击和数据传输过程中的干扰。

（3）分析与决策阶段

在信息系统的核心控制层，接收到的物理系统数据会被存储、处理和分析。通过大数据分析、机器学习算法、优化模型等技术，信息系统能够对电力系统的运行状态进行分析，发现潜在的异常或故障，并根据当前电力负荷、发电量和用户需求生成优化的控制策略。例如，系统可以根据负荷变化提前调度发电机组，避免在高峰负荷期间出现电力短缺，或在负荷较低时减少发电，避免能源浪费。

（4）执行反馈阶段

一旦信息系统作出决策，控制指令会通过通信网络传输回物理系统中的各个执行设备，如变压器、断路器、发电机等。这些设备根据收到的指令调整其运行状态，从而实现对整个电力系统的动态调节。例如，当系统检测到某条输电线路发生过载时，可以自动关闭相关线路，并将负载切换至其他线路，确保供电的连续性。

这种闭环控制的方式确保了信息系统与物理系统的高度协同工作，使电力 CPS 能够在复杂的电力运行环境中保持高效、稳定的运行。

1.3.2　信息系统与物理系统相互依赖的特性

在电力 CPS 中，信息系统与物理系统之间的相互依赖性体现在多个方面，以下将从数据依赖性、实时反馈性和安全依赖性等几个关键特性进一步探讨它们之间的紧密联系。

（1）数据依赖性

物理系统的高效运行依赖于信息系统提供的实时数据支持。在现代电力系统中，物理设备无法通过传统的人工监控手段完成实时的全方位感知和管理，必须依赖于信息系统来获取物理设备的运行状态和数据。例如，通过智能电表和传感器，信息系统能够获取设备的实时负载、温度、电压等数据，这些数据不仅帮助设备保持正常运行，还为系统的优化控制提供了基础。

反过来，信息系统的决策质量也高度依赖于物理系统提供的高质量数据。若物理设备的数据传感器出现故障，或通信链路出现中断，信息系统将无法获取准确的实时数据，导致错误的控制决策。因此，物理系统和信息系统之间的数据依赖性是确保 CPS 稳定运行的基础。

（2）实时反馈性

信息系统的分析和决策依赖于物理系统的实时反馈。这种实时反馈不仅有助于系统的故障检测，还使信息系统能够根据变化的物理状态调整其控制策略。举例来说，当某条输电线路发生故障时，信息系统可以通过传感器数据及时发现故障点，并在毫秒级时间内发出指令，切换其他输电线路，避免故障扩大。

同样，物理系统也依赖于信息系统的实时反馈来调整其工作状态。发电设备的输出功率、变压器的负载切换以及配电网的功率分配等，都通过信息系统的控制指令进行调节。因此，确保信息系统和物理系统之间的实时反馈链路畅通，是电力 CPS 能够保持稳定运行的重要条件。

（3）安全依赖性

在电力 CPS 中，信息系统和物理系统之间的相互依赖也体现在安全性上。物理系统的安全运行离不开信息系统提供的网络安全保护，而信息系统的安全运行则依赖于物理系统提供的稳定数据来源。由于电力 CPS 广泛采用开放的互联网和物联网技术，信息系统面临着巨大的网络安全威胁，如黑客攻击、数据篡改、恶意软件等，这些威胁可能会直接影响物理系统的运行安全。

例如，攻击者可以通过入侵信息系统，篡改物理设备的数据或发送错误的控制指令，导致发电设备失控或输电线路中断。因此，信息系统和物理系统必须相互依赖，共同采取多层次的安全防护措施，确保系统的安全稳定运行。

1.3.3　信息系统与物理系统的耦合性

电力 CPS 的一个重要特性是信息系统与物理系统的紧密耦合。耦合性意味着物理系统的运行状态会直接影响信息系统的决策，而信息系统的控制策略也会反过来影响物理设备的实际运作。

（1）强耦合性与复杂性

在高度复杂的电力系统中，信息系统和物理系统之间的耦合关系变得尤为复杂。由于现代电网规模巨大、分布广泛、设备多样，任何一个环节的故障或变化都会影响整个系统的运行。信息系统需要能够处理来自数百乃至数千个物理设备的实时数据，并基于这些数据作出综合决策。比如，当一个地区的电力需求骤增时，信息系统需要在极短时间内调度多个发电厂和输电线路，以维持供电的稳定性。

这种耦合性要求信息系统具备强大的数据处理能力和实时性。物理系统中的任何设备故障或参数变化都可能影响信息系统的运行，从而导致整个电网的状态发生变化。因此，信息系统与物理系统之间的强耦合性要求在系统设计时考虑设备的冗余度、数据处理的容错能力和控制指令的执行可靠性。

（2）动态耦合与自适应性

电力 CPS 中的信息系统与物理系统不仅紧密耦合，还具备动态变化的特点。这意味着系统需要在复杂多变的环境中自动调整其耦合关系，以适应环境的变化。比如，新能源发电（如风能、太阳能）的接入为电力系统带来了极大的不确定性。由于电力 CPS 的物理系统与信息系统之间的动态耦合主要体现在对变化环境的自适应调节能力，例如，在新能源接入的场景下，风力发电和太阳能发电的波动性较大，发电量无法持续稳定地输出，这就要求信息系统具备强大的数据处理能力与决策能力，能够在发电量突变时及时调度其他电源或储能设备，以确保电力供应的稳定。物理系统中的发电设备也要具备自适应能力，根据信息系统的实时控制信号，调整发电功率、切换备用设备，保证电力系统的稳定性。

这种动态耦合不仅体现在电力生产端，还涉及输配电网络和终端用户的用电设备。通过实时监测和数据分析，信息系统能够动态调节电网中的电流电压，确保输电线路在负载变化时能够适应需求。与此同时，电力系统的物理设备，如断路器、变压器、储能设备等，也能够根据信息系统的指令进行自适应调节，保证系统的灵活性和韧性。

1.3.4　信息系统与物理系统之间的反馈回路

在电力 CPS 中，信息系统与物理系统之间的反馈回路对于系统的稳定运行至关重要。反馈回路的基本工作原理是基于控制理论中的闭环控制模型，即系统会不断监控物理系统的运行状态，将数据传输至信息系统中进行处理，信息系统再根据分析结果产生反馈信号，调控物理设备的运行状态，从而形成一个动态闭环系统。

（1）正反馈与负反馈

在电力 CPS 的反馈回路中，正反馈和负反馈都在特定场景下发挥作用。正反馈可以加速某些操作过程，例如当需要迅速提高电网供电能力时，信息系统会通过正反馈信号提高发电机组的输出功率。而负反馈则用于维持系统的稳定性，例如在负荷过高的情况下，系统通过负反馈机制降低发电量或切断非必要负载，防止系统过载。

（2）实时调控与调整

反馈回路的核心功能在于实时调控。通过实时监测物理设备的运行数据，系统能够在故障发生前预判可能的异常情况并迅速作出反应。例如，电压波动可能会在极短时间内影响整个电网的稳定性，信息系统通过反馈回路获取这些数据，实时调控输电设备的工作状态，防止故障扩大。

（3）自我优化

反馈回路不仅用于故障预防，还可以用于系统的自我优化。在数据分析和机器学习算法的支持下，电力 CPS 能够通过长时间的反馈学习，逐步优化自身的运行策略。例如，电力 CPS 可以通过学习不同天气条件对电网负荷的影响，提前调整发电量和储能设备的使用计划，以减少对传统能源的依赖，提升能源效率。

1.3.5　信息系统与物理系统的相互关系对系统安全性的影响

信息系统与物理系统的相互关系不仅对系统的运行效率至关重要，也直接影响电力 CPS 的安全性。由于信息系统控制着电力系统的核心运行环节，一旦信息系统受到网络攻击或入侵，物理系统的安全也将受到威胁。例如，黑客可以通过入侵信息系统，控制电力设备的运行，造成电网失控或大规模停电。

在这一背景下，电力 CPS 的网络安全防护措施需要覆盖信息系统与物理系统的各个环节。物理设备本身的安全防护（如设备加密、物理隔离）与信息系统的安全策略（如网络防火墙、入侵检测系统、访问控制）必须紧密结合，才能有效应对现代电力系统面临的多样化安全威胁。

此外，系统的相互依赖关系还要求信息系统与物理系统之间具备一定的冗余机制，以防止单点故障对整个系统造成严重影响。例如，在信息系统的某个节点失效时，物理系统应能够依赖本地的自动控制机制，维持设备的基本功能运行，避免因通信故障导致电力中断。

在电力 CPS 中，信息系统与物理系统的相互关系决定了系统的整体功能、效率和安全性。两者之间通过数据、控制和反馈机制形成了高度耦合的动态关系，确保电力 CPS 能够在复杂的电力运行环境中实现智能化、高效化和安全化运作。未来，随着技术的不断进步，信息系统与物理系统的融合将进一步加深，为电力 CPS 的发展提供更多的创新方向和应用场景。

第 2 章 电力 CPS 的网络安全挑战

在现代电力 CPS 的复杂性与功能日益增强的背景下，网络安全的重要性愈加凸显。随着信息技术的广泛应用，电力系统不仅承担着能源的生产和分配任务，同时也面临着前所未有的网络攻击威胁。这些威胁可能对系统的稳定性和可靠性构成严重挑战，因此，深入理解电力 CPS 所面临的网络安全挑战，成为保障其安全运行的关键。本章将深入探讨这些主要安全威胁，分析电力系统的复杂性和其连通性所带来的独特安全风险。通过研究攻击手段和风险来源，读者将更全面地理解当前电力 CPS 所面临的安全挑战，并为进一步探讨防护措施奠定基础。

2.1 电力 CPS 的主要网络安全威胁

随着现代电力系统的不断演化，电力 CPS 已成为确保电力稳定性、可靠性和高效管理的核心架构。CPS 的特点在于信息系统与物理设备的高度融合，实现对电力生产、传输、分配等各个环节的实时监控和智能调度。然而，随着这种复杂系统的推广和普及，网络安全问题变得愈发重要。与传统的 IT 系统相比，电力 CPS 由于其独特的高实时性、高可用性要求，以及物理与信息紧密耦合的特性，面临着许多特定的网络安全风险。

本节将深入探讨电力 CPS 中的网络安全风险，重点分析其区别于传统信息系统的特殊之处。我们将从系统结构复杂性、实时控制要求、物理设备与数字网络的耦合性等角度展开讨论，探究这些因素如何增加了系统面临的网络攻击威胁。

2.1.1 电力 CPS 中的网络安全特点

电力 CPS 的网络安全具有以下特点：

（1）高实时性要求

电力 CPS 的高实时性要求是其最显著的特性之一。传统的信息系统可以允许较长的响应时间或存在一定的延迟，特别是在进行非实时数据处理时。但对于电力系统而言，任何细微的延迟或数据包丢失都可能对电网的运行产生严重影响。举例来说，电力 CPS 中对发电设备、变电站、负荷调度等系统的实时控制必须在毫秒级完成，以防止电网的不稳定甚至崩溃。

在这种情况下，任何网络攻击（如拒绝服务攻击）若能延迟系统的响应时间或阻断重要指令的传递，都会带来灾难性的后果，这使电力 CPS 对网络安全的要求远高于其他信息系统。例如，电力调度中心必须能够在极短的时间内作出调整，以应对突发的负荷变化或

设备故障，而这种对时效性的要求让其网络安全防护更加复杂和敏感。

（2）高可用性要求

除了高实时性，电力 CPS 的高可用性要求也是网络安全中的重要挑战之一。电力系统作为国家基础设施的核心，必须保持持续稳定的运行。一旦电力中断，不仅影响日常生活，甚至会对国家安全、经济和社会秩序产生重大影响。因此，电力 CPS 的设计必须确保在任何情况下都能保持高可用性。

然而，网络攻击往往针对这一特性，试图通过攻击使系统瘫痪。传统的信息系统可以在某些情况下进行宕机维护或系统升级，但电力 CPS 由于其不可间断的特性，几乎不允许停机维护，这就使黑客通过网络攻击导致系统中断（如通过分布式拒绝服务攻击）成为极大的威胁。此外，由于电力 CPS 需要实现 24 h×7 的全天候运行，网络安全防护必须在任何时候保持高效，不能因为系统维护或其他原因产生安全漏洞。

（3）跨系统的复杂结构

电力 CPS 的系统架构异常复杂，涉及多个子系统的协同工作。一个典型的电力 CPS 通常包括发电系统、输电网络、配电网络以及电力调度和管理系统。这些子系统通过信息网络进行连接，以实现对整个电网的自动化控制和智能调度。

然而，正是由于这种复杂的跨系统结构，电力 CPS 的网络安全防护面临极大的挑战。首先，多个子系统之间的互联性使网络攻击有可能通过较为薄弱的环节进入整个系统，形成链式反应。其次，系统的异构性（如设备制造商不同、通信协议不统一等）使统一的网络安全防护方案难以全面适用。每个子系统可能都需要独立的安全策略，从而增加了整体安全管理的复杂性。

此外，跨系统的复杂性还体现在系统的不断演化与更新上。电力 CPS 通常包含了大量的老旧设备，这些设备的安全性设计远远无法应对现代网络攻击手段。然而，这些设备由于其在电力系统中的重要性，无法轻易替换或更新。因此，如何在这种复杂的系统环境中确保网络安全成为电力 CPS 面临的核心问题之一。

2.1.2　物理设备与数字网络的耦合风险

在分析了电力 CPS 网络安全的特点和潜在威胁之后，我们进一步探讨物理设备与数字网络的紧密耦合所带来的特有安全风险。这种耦合不仅增加了系统的运行效率，同时也为网络攻击者提供了更多的攻击途径，带来了前所未有的安全隐患。以下将分别从数字网络攻击对物理设备的影响和供应链安全隐患两个方面，详细分析这一风险。

（1）数字网络攻击对物理系统的影响

电力 CPS 的独特之处在于其信息系统与物理设备的紧密耦合。这种耦合关系带来了巨大的效率提升，但同时也引入了前所未有的安全风险。信息系统的任何网络攻击都可能直接影响物理设备的运行，进而造成物理世界的破坏。例如，如果黑客通过网络入侵控制系统篡改设备参数，可能会导致发电设备过载，变压器损坏，甚至引发大范围的电力中断。

这一风险在全球多个电力攻击案例中得到了验证。最著名的例子之一是 2015 年乌克兰电网攻击事件，攻击者通过入侵电力控制系统，切断了数个地区的供电，导致数十万人断电。此次攻击展现了物理设备与数字网络耦合的脆弱性，也警示了电力 CPS 必须在物理与信息系统之间建立更强的安全屏障。

（2）供应链的安全隐患

电力 CPS 中的物理设备通常依赖复杂的供应链，这些供应链涉及多个国家和地区的制造商、供应商和服务商，这一特性使供应链攻击成为电力 CPS 面临的另一大风险。例如，攻击者可能通过在设备生产或运输环节植入恶意软件，或者通过攻击供应商的系统间接影响电力系统的安全。

这种供应链攻击的特点在于其隐蔽性和持久性。由于电力 CPS 的设备更新周期较长，供应链中的安全漏洞可能在设备投入使用多年后才被发现。而一旦发生供应链攻击，其影响可能是深远且难以逆转的。例如，攻击者可以通过篡改设备的固件或软件，使设备在特定条件下失效，或者导致控制权的失控。

2.1.3　电力 CPS 网络安全风险的潜在后果

在明确了电力 CPS 所面临的主要安全风险后，我们接下来将探讨这些风险可能带来的潜在后果。网络攻击对电力 CPS 的影响不仅限于系统的运行，还可能引发一系列严重的社会、经济和安全问题[10]。以下将从电力中断、设备损坏、数据泄露与操纵以及国家安全风险等方面，具体分析这些后果的可能性和严重性。

（1）大规模电力中断

网络攻击对电力 CPS 的直接后果之一是可能导致大规模的电力中断。电力系统是一个高度复杂且紧密耦合的系统，任何一个环节的失效都有可能引发系统性崩溃。例如，通过网络攻击使电力调度系统失效，导致无法实时调整电力负荷，可能会引发设备过载或电网不平衡，最终导致大范围停电。

此外，由于电力 CPS 在国家基础设施中的核心地位，大规模的电力中断还可能引发其他连锁反应，如交通系统瘫痪、通信中断，甚至对金融市场造成巨大冲击。因此，网络安全事件可能对整个社会造成深远的影响。

（2）物理设备损坏

除了电力中断，网络攻击还可能直接导致物理设备的损坏。由于电力 CPS 中的设备通常对外部指令高度敏感，恶意攻击者可以通过篡改控制指令，使设备运行在危险的条件下，从而导致设备损毁。例如，通过篡改风机控制系统的参数，可以使风机在超出安全限制的条件下运行，导致风机叶片损坏；或者通过攻击变压器监控系统，使变压器在过载条件下运行，导致内部元件烧毁。

设备损坏不仅会带来巨大的经济损失，甚至还可能引发严重的安全事故，特别是在核电站等高风险的电力设施中。因此，网络攻击的物理后果是电力 CPS 网络安全需要特别关注的一个方面。

（3）数据泄露与操纵

电力 CPS 不仅依赖于物理设备的正常运行，还依赖于大量的实时数据进行决策支持。这些数据包括电力负荷预测、设备状态信息、用户用电数据等。一旦这些数据被攻击者获取或篡改，将会对系统的正常运行产生极大影响。例如，攻击者通过篡改负荷预测数据，可以使调度系统作出错误的决策，进而引发电力不稳定甚至中断。

此外，数据泄露还可能带来隐私风险，特别是用户用电数据的泄露可能导致用户行为的分析和预测，进而引发一系列隐私问题。因此，电力 CPS 不仅需要防范针对物理设备的攻击，还必须保障信息数据的安全性。确保数据的机密性、完整性和可用性是电力 CPS 安全防护的重要任务。

（4）关键基础设施的国家安全风险

电力系统作为国家关键基础设施，其网络安全问题直接关系到国家安全。电力中断不仅影响民生，还可能导致国家经济、军事、社会秩序的瘫痪。因此，网络攻击针对电力 CPS 的风险不仅限于技术层面，更涉及国家安全的整体战略。

近年来，随着网络战、信息战逐渐成为现代战争的重要手段，电力 CPS 作为潜在的战略目标，面临的网络安全风险进一步加剧。假设某一国家的电力 CPS 遭到大规模的网络攻击，攻击者不仅能够造成电力供应中断，还可能借此削弱该国的军事应急能力，进而影响其国家防御能力。

2.1.4 电力 CPS 网络安全的独特挑战

鉴于上述电力 CPS 网络安全的特点和潜在威胁，电力 CPS 在网络安全方面面临着一系列独特挑战，这些挑战不仅源于系统本身的复杂性，还包括了对物理与数字网络耦合的特殊考量[11]。具体表现在以下几个方面：

（1）电力系统中的网络与物理系统耦合挑战

电力 CPS 的网络系统与物理系统紧密耦合，这使电力 CPS 既面临传统网络攻击的威胁，也要防范对物理系统的直接攻击。例如，入侵者可以通过控制电力 CPS 的网络层，改变物理设备的参数设置或操作，导致设备损毁或产生不安全的运行状态。相比单纯的信息系统，电力 CPS 中的物理影响更为直接，后果更为严重。

此外，电力 CPS 中的物理设备常常具有长期使用寿命，这意味着部分关键设备可能没有设计之初的网络安全防护能力。这种物理设备在长期运行中的更新维护难度较大，且其与新型设备的兼容性问题，使这些物理设备成为潜在的安全漏洞，容易成为网络攻击的突破口。

（2）多层次的安全防护需求

电力 CPS 的安全防护不仅仅需要考虑信息系统的网络安全，还必须从物理层到应用层进行全方位的安全设计。每一层次的安全需求各不相同。

①物理层需要防范对物理设备的直接入侵或破坏。

②网络层需要确保信息传输的安全性，防止中间人攻击或数据窃听。

③数据层和应用层则需要防止数据篡改和未经授权的访问。

这种多层次的防护需求使电力 CPS 的安全防护方案更加复杂，也要求在不同的系统之间实现无缝的安全衔接。系统中的每一层次、每一个设备都可能成为潜在的攻击目标，因此必须对系统进行全方位的风险评估和防护设计。

（3）系统升级与兼容性问题

电力 CPS 的运行时间长且生命周期较长，某些设备或系统运行几十年而不被更新。这些老旧系统往往缺乏现代网络安全防护机制，成为攻击者的目标。而随着新技术的引入和新设备的加入，系统的兼容性问题变得尤为突出。新旧设备之间的通信和协作不仅要满足功能性要求，还需要确保安全性。然而，许多老旧设备可能无法支持现代的安全协议和加密技术，这大大增加了网络攻击的风险。

此外，系统升级的难度也使电力 CPS 在面对快速变化的网络威胁时反应迟缓。与 IT 系统的频繁升级不同，电力系统的更新往往需要复杂的评估和测试过程，以确保新设备与原有系统的兼容性和稳定性。这种升级难度使电力 CPS 在安全防护上的响应速度滞后于网络攻击技术的发展。

（4）电力 CPS 中的冗余设计带来的挑战

为了保证系统的可靠性，电力 CPS 中通常会设计冗余机制，以确保某些关键设备或系统出现故障时，系统仍能保持正常运行。然而，这些冗余设计在提高系统稳定性的同时，也增加了网络攻击的复杂性。攻击者可以通过分析冗余设计中的漏洞，利用其中某一冗余系统作为突破口，绕过主要防护机制，从而攻击整个系统。

同时，冗余系统的存在也使得安全防护的成本增加。每一套冗余系统都需要与主系统保持一致的安全防护水平，否则冗余系统将成为潜在的攻击目标。此外，在电力系统中，冗余设备的同步性和可靠性也需要通过信息网络进行协调，这为攻击者提供了更多的攻击面。

电力 CPS 作为现代电力系统的核心，承载着电力生产、传输和分配的重任。由于其复杂的跨系统结构、高实时性和高可用性要求，电力 CPS 在网络安全方面面临独特的风险。这些风险不仅来源于信息系统的网络攻击，还包括物理设备的破坏、供应链的漏洞以及系统冗余设计的潜在威胁。

网络安全问题不仅是技术挑战，更是关系到国家安全和社会稳定的重大课题。未来，随着技术的不断进步和电力 CPS 的广泛应用，网络安全的风险将不断演变，只有通过持续的创新和防护策略升级，才能有效抵御潜在的攻击威胁，保障电力系统的安全与稳定。

2.2　常见的攻击类型及其威胁

电力 CPS 作为现代电力系统的核心组成部分，兼具信息系统与物理系统的复杂性与敏感性。该系统高度复杂的架构和跨域的集成特性使其成为攻击者的主要目标。近年来，全球范围内针对电力系统的网络攻击事件频发，揭示了电力 CPS 在网络安全防护方面的诸多挑战[12]。为了有效防范潜在威胁，理解各种常见攻击类型及其可能带来的威胁至关重要。本节将重点讨论电力 CPS 中常见的攻击类型，包括拒绝服务攻击、数据篡改、物理破坏、供应链攻击等，并通过实际案例分析其对电力系统的潜在破坏力。

2.2.1　拒绝服务攻击

（1）攻击定义与机制

拒绝服务攻击（Denial of Service，DoS）和分布式拒绝服务攻击（Distributed Denial of Service，DDoS）是电力 CPS 常见的攻击类型。其目标是通过消耗系统资源，使系统无法正常处理合法请求，从而导致服务中断。在电力 CPS 中，拒绝服务攻击的主要目标是系统的控制中心、通信网络以及关键的电力调度节点。一旦这些系统受到攻击，电力系统的监控与调度功能将严重受限，进而影响整个电网的稳定运行。

（2）实际案例分析

2015 年乌克兰电网攻击事件是一个典型的网络攻击案例，其中攻击者使用了恶意软件来入侵电网的控制系统。通过获得对关键系统的控制权，攻击者能够远程操作断路器，导致了多个地区的电力供应中断。此外，攻击者还对电力公司的客服电话系统实施了 DDoS 攻击，使用户难以联系到客服报告停电情况，从而加剧了混乱并延缓了恢复工作的进程。这次攻击不仅展示了恶意软件对电力系统的严重威胁，同时也揭示了电力 CPS 在应对复杂网络攻击时的脆弱性。

（3）拒绝服务攻击的威胁

拒绝服务攻击不仅可以导致电力系统的暂时瘫痪，还可能引发一系列连锁反应。例如，长时间的电力供应中断会影响关键基础设施（如医院、交通系统等）的正常运行，从而对社会造成广泛的影响。针对拒绝服务攻击的防御措施通常包括部署高级防火墙、分布式抗 DDoS 服务以及增强的网络流量监控系统。

2.2.2 数据篡改攻击

（1）攻击定义与机制

数据篡改攻击是电力 CPS 中另一种常见的攻击方式，指攻击者在数据传输过程中非法修改数据，从而破坏数据的完整性。在电力 CPS 中，数据篡改攻击的主要目标是传感器数据、控制命令以及系统日志等关键信息。一旦攻击者成功篡改这些数据，电力系统的正常运行将受到严重影响。例如，错误的传感器数据可能导致错误的调度决策，进而影响电力负荷的分配和电网的稳定性。

（2）实际案例分析

2014 年，德国的一个工业控制系统遭遇了一起数据篡改攻击，攻击者成功修改了系统的控制命令，导致了工厂的部分设备出现故障。尽管这次攻击并未直接针对电力 CPS，但其揭示了数据篡改攻击对工业控制系统的潜在威胁。同样的攻击手法如果应用于电力 CPS 中，后果将更加严重，因为电力系统对数据的实时性和准确性要求更高。

（3）数据篡改的威胁

数据篡改不仅会破坏电力系统的正常运行，还可能导致错误的决策被执行，进而引发更严重的事故。例如，错误的负荷分配可能导致电力系统过载或欠载，最终引发大规模的停电。为了防止数据篡改，电力 CPS 通常采用数据加密、校验机制以及基于区块链的不可篡改技术来保证数据的完整性。

2.2.3 物理破坏攻击

（1）攻击定义与机制

物理破坏攻击是指攻击者通过物理手段破坏电力 CPS 中的关键设备或基础设施，例如变电站、发电机组或传输线。这类攻击往往通过渗透物理防护层直接对设备进行破坏，造成设备损毁或失灵。在电力 CPS 中，由于物理设备与信息系统紧密结合，物理破坏不仅会导致设备故障，还可能触发信息系统的错误响应。

（2）实际案例分析

2019 年委内瑞拉大规模停电事件中，物理破坏和网络攻击被认为是导致停电的重要原因。这一事件揭示了电力 CPS 在应对物理破坏和网络攻击相结合时的脆弱性，强调了加强综合安全防护措施的必要性。

（3）物理破坏的威胁

物理破坏攻击的威胁不仅体现在直接的设备损毁上，更在于其可能导致的长期电力供应中断和经济损失。由于电力设备的维护和修复往往需要较长的时间，物理破坏攻击会对整个电力系统造成持续的影响。为了防范这类攻击，电力 CPS 需要加强物理防护措施，例如安装入侵检测系统、加强安全监控和加强对关键设施的物理隔离。

2.2.4 供应链攻击

（1）攻击定义与机制

供应链攻击是指攻击者通过入侵电力 CPS 的供应链环节来实施攻击。由于电力系统中使用的硬件设备、软件系统以及维护服务大多来自外部供应商，供应链成为攻击者实施网络攻击的重要途径。通过在供应链环节植入恶意代码或硬件后门，攻击者可以在设备交付使用后远程控制电力 CPS 的关键组件，进而对系统实施攻击。

随着电力 CPS 全球化和技术供应链的日益复杂，供应链攻击的手段也在不断演化。除了传统的通过硬件设备和软件植入恶意代码，供应链攻击还扩展到了维护和管理环节。攻击者可以通过入侵设备的远程维护系统或更新服务，实施隐蔽的供应链攻击。例如，攻击者可以在设备更新过程中植入后门程序，等到系统上线后再远程激活这些恶意代码。

（2）实际案例分析

2017 年的 NotPetya 攻击事件中，攻击者通过入侵会计软件供应商 MeDoc 的系统，向全球范围内的用户传播了恶意软件，导致大量工业控制系统和其他关键基础设施遭到破坏。尽管 NotPetya 攻击的目标并非专门针对电力系统，但其通过供应链传播恶意软件的方式为供应链攻击敲响了警钟。

2020 年的 SolarWinds 攻击是近年来最具代表性的供应链攻击事件之一。黑客通过感染 SolarWinds 公司提供的软件更新包，将恶意软件植入了全球成千上万家企业和政府机构的网络中。此次攻击展示了供应链攻击的隐蔽性和广泛性。尽管此次攻击的主要目标并非电力系统，但其揭示了通过供应链入侵高价值目标的潜在可能性，特别是在关键基础设施领域。

（3）供应链攻击的威胁

供应链攻击的隐蔽性和复杂性使其成为电力 CPS 中最具威胁的攻击类型之一。由于供应链的跨域性，任何一个环节的安全问题都有可能为攻击者提供入侵整个系统的机会。为了防范供应链攻击，电力 CPS 运营者需要对供应商进行严格的安全审查，并采用可信计算和硬件加密技术来增强供应链环节的安全性。

供应链攻击正在从传统的硬件和软件层面扩展到云服务、第三方维护以及远程更新等更多维度。电力 CPS 由于对第三方服务的依赖，成为供应链攻击的潜在目标。为了应对这些新威胁，电力 CPS 需要在选择供应商时进行更加严格的安全审查，确保供应链的每一个环节都符合最高的安全标准。此外，采用基于区块链的供应链透明管理系统也可以帮助减少供应链攻击的发生。

2.2.5 侧信道攻击

（1）攻击定义与机制

侧信道攻击是一种通过分析系统物理信号（如电磁辐射、功耗或时序信息）来推断系统内部操作信息的攻击方式。在电力 CPS 中，由于信息系统与物理设备的高度耦合，侧信道攻击的风险尤其高。攻击者可以通过监测设备的电磁辐射或功耗变化，获取电力系统的运行状态和敏感信息。

（2）实际案例分析

在某些实验环境中，研究人员成功利用侧信道攻击对工业控制系统实施了攻击，通过分析电磁信号，成功获取了系统的内部控制信息。尽管目前针对电力 CPS 的侧信道攻击案例较少，但这种攻击方式的潜在威胁不容忽视。

（3）侧信道攻击的威胁

侧信道攻击的威胁在于其隐蔽性和非侵入性。攻击者无须直接入侵系统，只需通过监测物理信号即可获取敏感信息。为了防范侧信道攻击，电力 CPS 需要采用屏蔽技术、随机化处理以及信号干扰等手段来减少物理信号的泄露。

2.2.6 高级持续性威胁

（1）攻击定义与机制

高级持续性威胁（Advanced Persistent Threat，APT）是一类具有高度隐蔽性和长期性特点的复杂攻击。APT 攻击者通常拥有丰富的技术资源和强大的经济或国家支持，其目标是通过长期潜伏在目标系统中，逐步获取敏感信息，或者在关键时刻对系统实施破坏。APT 攻击往往通过多阶段的攻击流程，包括社会工程、网络钓鱼、零日漏洞利用等手段，逐步入侵电力 CPS 的网络环境。

（2）实际案例分析

一个典型的 APT 攻击案例是 2010 年发现的 Stuxnet 蠕虫病毒，专门用于破坏伊朗的核设施。Stuxnet 病毒通过 USB 设备传播，并利用多种 Windows 操作系统的零日漏洞，成功入侵了核设施的工业控制系统。虽然 Stuxnet 并未直接针对电力系统，但其攻击模式展示了 APT 攻击的潜在威胁。一旦 APT 攻击者锁定电力 CPS，其破坏力将极其巨大。

（3）高级持续性威胁的威胁

APT 攻击的威胁在于其长期性和隐蔽性。攻击者可以在系统中潜伏多年，逐渐积累对系统的控制权，并在关键时刻对系统实施致命攻击。APT 攻击通常难以通过传统的入侵检测系统和防火墙等常规手段检测到。为了应对 APT 攻击，电力 CPS 必须采用多层次的防御策略，包括定期的安全审计、行为异常监测以及对系统进行严格的权限控制。

2.2.7　零日攻击

（1）攻击定义与机制

零日攻击（Zero-Day Attack）是指利用尚未公开的系统漏洞对目标系统实施攻击。在电力 CPS 中，零日漏洞的利用可能会导致核心控制系统的全面瘫痪或被攻击者完全控制。由于电力 CPS 通常依赖于专用的操作系统和工业控制软件，一旦这些系统存在未公开的漏洞，攻击者可以通过零日攻击直接入侵系统，绕过传统的安全防护措施。

（2）实际案例分析

在 2017 年的 WannaCry 勒索软件攻击事件中，攻击者利用了 Windows 系统中的一个已知漏洞（MS17-010）对全球范围内的多个工业控制系统和基础设施实施攻击。尽管 WannaCry 的目标主要是勒索赎金，但其传播途径和攻击手法揭示了零日漏洞在工业控制系统中的严重威胁。

（3）零日攻击的威胁

零日攻击的威胁在于其不可预测性和高破坏性。由于零日漏洞在被公开之前并无修补措施，攻击者可以在漏洞公开之前对系统实施大规模攻击。为了应对零日攻击，电力 CPS 运营者需要建立快速响应机制，及时应用安全补丁，同时通过漏洞扫描和渗透测试提前发现系统中的潜在漏洞。

2.2.8　远程控制攻击与恶意软件

（1）攻击定义与机制

远程控制攻击是指攻击者通过恶意软件获取对目标系统的远程控制权。在电力 CPS 中，这类攻击尤其具有威胁性，因为电力系统中的大多数关键设备都与远程控制系统紧密相连。通过恶意软件，攻击者可以直接控制电网的关键组件，如发电站、变电站和调度中心，进而影响整个电力系统的运行。

（2）实际案例分析

2015 年乌克兰电网攻击事件中，攻击者通过恶意软件成功获取了电力公司控制系统的远程访问权，并通过远程关闭多个地区的电力供应，造成大规模停电。这一事件展示了恶意软件在远程控制攻击中的核心作用，也揭示了电力 CPS 在远程控制安全方面的薄弱环节。

（3）恶意软件的威胁

恶意软件攻击的威胁不仅在于其可以通过远程控制直接对电力系统实施破坏，还在于其可能传播到其他关键基础设施。电力系统中的恶意软件感染往往会引发连锁反应，导致多区域、多层次的停电事件。为了防止恶意软件攻击，电力 CPS 需要加强入侵检测系统的部署，定期进行恶意软件扫描，并限制远程访问权限。

未来，随着人工智能、量子计算和物联网技术的迅猛发展，电力 CPS 所面临的攻击手段也将更加多样化和复杂化。例如，基于人工智能的自动化攻击工具可能会大规模应用于网络攻击，量子计算的快速发展可能会对现有的加密系统带来极大挑战。同时，物联网设备的大规模普及也为攻击者提供了更多的攻击入口。因此，电力 CPS 在未来需要不断升级其安全防护体系，以应对新兴威胁。

电力 CPS 作为国家重要基础设施，其安全性直接关系到国计民生。然而，由于其复杂的架构和高度互联性，电力 CPS 在面对网络攻击时具有较高的脆弱性。本节通过对拒绝服务攻击、数据篡改、物理破坏、供应链攻击等常见攻击类型的详细分析，揭示了电力 CPS 在网络安全防护方面的诸多挑战。同时，通过对实际案例的讨论，我们可以清晰地看到这些攻击所带来的巨大威胁。未来，电力 CPS 的安全防护需要在多层次、多维度上持续加强，以应对不断演化的网络攻击手段。

2.3　复杂性与互联性带来的安全挑战

随着电力 CPS 的发展，系统的复杂性和互联性也不断增强。电力 CPS 不仅包括传统的物理基础设施（如发电厂、变电站和输电线路），还结合了高度复杂的信息系统和通信网络。随着智能电网、分布式能源管理和物联网设备的引入，电力 CPS 的结构愈发复杂，系统中的设备和组件之间的互联性也大大增强。然而，这种复杂性和高度互联性为电力系统的安全防护带来了严峻的挑战。

在这一节中，我们将探讨电力 CPS 的复杂性和互联性是如何增加其脆弱性的，并且给网络安全带来一系列新风险。同时，我们也将分析实际案例，展示由于系统复杂性和互联性而产生的安全问题。最后，提出如何通过优化系统架构和采取防护措施来降低这些安全挑战所带来的威胁。

2.3.1　电力 CPS 的复杂性分析

为了更深入地理解电力 CPS 面临的挑战，我们首先从以下几个方面来具体分析电力 CPS 的复杂性。

（1）系统结构的复杂性

电力 CPS 的复杂性首先体现在其多层次、多维度的系统结构上。一个完整的电力系统包括发电、输电、配电和电力消费等多个环节。每一个环节都依赖于不同的物理设备、控制系统和通信协议。随着信息技术的引入，电力 CPS 不仅包括传统的物理设备，还包含了大量的数字控制系统、传感器、数据处理和监控系统。这些系统之间相互交织，形成了一个高度复杂的网络。

这种多层次的结构使电力 CPS 在面临攻击时具有更多的攻击面。例如，攻击者不仅可以通过网络层面入侵控制系统，还可以通过物理层面破坏电力设备，或者通过应用层面窃取或篡改重要的运行数据。因此，复杂的系统结构要求电力 CPS 在多个层面进行安全防护，但这也增加了防护的难度和挑战。

（2）组件之间的依赖性

电力 CPS 中的各个组件通常高度依赖彼此。例如，发电系统依赖于传感器和控制器提供的实时数据，输电系统依赖于通信网络确保调度指令的准确传达，配电系统则依赖于远程终端设备（RTU）对电网的实时监控与控制。这些组件之间的相互依赖性大大提高了系统的复杂性，也导致系统中任何一个环节的故障都可能产生级联效应，影响整个电网的正常运行。

这种依赖性还导致了攻击者可以通过对单一环节的攻击来触发连锁反应。例如，如果攻击者能够控制电力 CPS 中的关键控制器或 RTU 设备，他们可以通过发送错误的指令来破坏系统中的其他部分。这种依赖性使电力 CPS 在面对攻击时显得尤为脆弱，也增加了防御的复杂性。

（3）软件与硬件的紧密结合

电力 CPS 的复杂性还体现在软件与硬件的紧密结合上。现代电力系统大量依赖工业控制软件（如 SCADA 系统）来监控和控制物理设备，而这些软件本身的复杂性也在不断增加。随着人工智能、大数据分析、边缘计算等新兴技术的引入，电力 CPS 中软件系统的复杂度大幅提升，软件漏洞和配置错误成为潜在的安全隐患[13]。

此外，电力 CPS 中的软件和硬件通常由多个供应商提供，这增加了供应链的复杂性，可能导致不同供应商之间的兼容性问题，进而引发安全风险。例如，某些硬件设备的固件更新可能导致与现有软件系统的不兼容，进而引发系统故障或安全漏洞。这种多供应商、多平台的复杂性使电力 CPS 的管理和维护变得更加困难，也增加了系统在面对攻击时的脆弱性。

2.3.2　互联性带来的安全风险

随着电力 CPS 中设备间的高度互联，系统面临的安全风险也呈现出更加复杂的态势。接下来，我们将探讨互联性所带来的具体风险。

（1）设备互联的风险

随着物联网（IoT）技术的发展，越来越多的智能设备被引入到电力 CPS 中。这些设备包括智能电表、传感器、智能开关和其他嵌入式设备。这些智能设备与电力 CPS 的核心系统相互连接，共享数据，并在系统中执行关键任务。然而，设备的互联性大大增加了系统的攻击面，尤其是当这些智能设备本身具有较弱的安全防护时，攻击者可以通过这些设备作为入口，入侵整个系统。

智能电表是电力 CPS 中的一个典型设备，其与电力公司后台系统的实时通信使电网运营更加高效和智能化，但同时也暴露了新的攻击途径。例如，攻击者可以通过入侵智能电表篡改数据，导致电力公司对电力需求的错误估计，甚至可能通过窃取用户的电力使用数据来侵犯隐私。

（2）不同系统的相互依赖性

电力 CPS 的互联性不仅体现在设备之间，还体现在不同系统之间的紧密联系。电力系统中不仅有物理设备之间的相互连接，还有信息系统、调度系统、控制系统之间的紧密耦合。各系统间的相互依赖性使一个系统的安全问题可能蔓延到其他系统中。

以发电厂为例，现代发电厂依赖复杂的工业控制系统（Industrial Control System，ICS）进行自动化操作，这些控制系统与外部的通信网络连接，以便与电网调度中心进行实时通信。如果攻击者能够通过通信网络入侵控制系统，他们可能会破坏发电设备的正常运行，甚至造成设备损毁。这种不同系统之间的相互依赖性使单一系统的安全漏洞可能迅速扩展为整个电力 CPS 的安全事件。

（3）系统边界模糊化的挑战

随着云计算、边缘计算等技术的引入，电力 CPS 的系统边界变得越发模糊。传统的电力系统通常具有明确的边界，外部攻击者很难直接入侵到核心系统。然而，随着越来越多的第三方服务和设备接入电力 CPS，系统的边界开始变得模糊，攻击者更容易通过外部系统或设备入侵核心网络。

这种边界模糊化为电力 CPS 的安全防护带来了巨大的挑战。例如，云计算的应用使部分电力数据和应用程序托管在第三方的服务器上，而这些服务器可能并不具备足够的安全保障。攻击者可以通过入侵这些外部服务器，获取电力系统的敏感数据，甚至可能通过云平台发起攻击，直接影响电网的运行。

2.3.3 复杂性和互联性带来的级联效应

接下来，我们将深入分析级联效应的具体表现和实例，探讨其对电力 CPS 安全带来的深远影响。

（1）级联效应的定义

在复杂的电力 CPS 中，系统中的故障或攻击不仅会对局部系统造成影响，还可能通过系统内的依赖关系，引发级联效应。级联效应是指由于系统中一个组件的故障或受到攻击，导致其他相关组件或系统也出现问题，最终引发大范围的系统崩溃或功能失效。这种效应在电力系统中尤为显著，因为电力 CPS 中的各个环节彼此依赖，任何一个环节的异常都可能波及整个系统。

（2）实际案例分析

一个经典的级联效应案例是 2003 年北美大停电事件。此次事件起因于俄亥俄州的一条输电线由于过载而故障，然而，由于当时的自动化系统未能及时响应并隔离故障区域，导致故障迅速蔓延，最终引发了大范围的停电，影响了包括美国和加拿大在内的多个地区。虽然此次事件并非网络攻击引发，但它充分展示了电力 CPS 中复杂性和互联性所带来的级联效应风险。

如果类似的事件发生在电力 CPS 遭受网络攻击的情况下，攻击者可以通过攻击某个关键节点，诱发系统中的级联故障，从而达到大范围破坏电力供应的目的。级联效应的风险也揭示了电力 CPS 在设计冗余系统时所面临的挑战。

（3）冗余设计带来的安全挑战

为了提高系统的可靠性，电力 CPS 通常设计了大量的冗余系统和备用设备。然而，这种冗余设计在提高系统可靠性的同时，也可能增加系统的攻击面。冗余系统往往与主系统共享相同的网络和控制逻辑，因此，攻击者如果能够入侵主系统，也可能通过同样的路径入侵冗余系统，导致冗余系统失效。此外，冗余系统的复杂性也增加了维护和管理的难度，可能引入额外的配置错误或安全漏洞。

例如，某些电力公司为了应对停电风险，部署了冗余的通信网络和备用的控制中心。然而，攻击者可以通过利用冗余系统的网络连接点，作为进入主系统的突破口，或者利用冗余系统的配置漏洞，绕过现有的安全防护措施。这表明，尽管冗余系统在设计上旨在提高系统的可靠性，但其潜在的安全风险同样不可忽视。

2.3.4　复杂性与互联性带来的防御挑战

在面对复杂性与互联性所带来的防御挑战时，我们将进一步探讨如何应对这些挑战，特别是从全面安全监控和防护措施的协调难度进行分析。

（1）全面安全监控的难度

在一个复杂且高度互联的电力 CPS 中，全面实施安全监控是一项极具挑战性的任务。由于系统中存在大量的设备、软件、网络连接和应用程序，传统的监控工具很难覆盖系统的每一个角落，尤其是那些与外部设备或网络相连的部分，可能成为监控盲区，给攻击者提供了可乘之机。

此外，电力 CPS 的实时性要求使安全监控必须具有高度的敏捷性和响应能力。一旦系统出现异常，安全监控系统需要在极短时间内发现并采取应对措施。然而，系统的复杂性和互联性增加了异常检测的难度，尤其是在面对复杂的 APT 攻击或零日漏洞时，传统的监控方法可能无法及时检测到攻击者的行为。

（2）安全防护措施的协调难度

由于电力 CPS 中的各个系统和组件往往由不同的供应商提供，这导致系统的安全防护措施在实施时需要跨供应商、跨平台进行协调。例如，某些物理设备的安全防护由工业控制系统供应商负责，而通信网络的安全则由电力公司或第三方通信服务商管理。这种多方协调的模式使安全防护措施的实施变得更加复杂，也增加了系统中可能存在的安全漏洞。

电力 CPS 的复杂性和互联性为其网络安全防护带来了前所未有的挑战。随着系统中的设备、软件和网络连接的增加，系统的攻击面也在不断扩大。级联效应、冗余设计中的漏洞、系统边界的模糊化等因素进一步增加了系统的脆弱性。在面对这些挑战时，电力 CPS 的安全防护不仅需要依赖传统的防护手段，还需要通过多层次、多维度的安全防护措施，电力 CPS 才能有效应对复杂性和互联性带来的安全挑战，确保电力系统的安全、可靠运行。

2.4　电力 CPS 网络安全研究现状

随着工业化与信息化的深度融合，电力系统的智能化和信息化程度显著提升，但也带来了新的网络安全挑战。针对电力信息网络的攻击事件频繁发生，各类网络攻击手段层出不穷，对电力系统的安全稳定运行构成了巨大威胁。深入了解并掌握电力信息网络安全的研究现状，对研究电力 CPS 的网络安全具有重要的借鉴和指导意义。

2.4.1　国外电力 CPS 网络安全研究现状

随着电力 CPS 网络安全形势的日益严峻，美国等发达国家逐步关注电力信息系统的安全问题，从顶层设计、标准体系和技术保障等多个层面展开了大量的网络安全保障工作，建立了相对完善的电力 CPS 网络安全管理与技术体系。

在顶层设计方面，欧美等发达国家在构建关键基础设施保护体系时，特别重视包括电力在内的基础设施网络安全，相继出台了相关战略和法规。早在 1996 年，美国发布了第

13010 号行政令《关键基础设施防护》，要求政府与企业合作，对电力等八类关键基础设施进行网络安全防护，这是首个针对电力等关键基础设施的网络安全法规[14]。2001 年，美国在此基础上颁布了第 13231 号行政令《信息时代的关键基础设施保护》，并成立了"总统关键基础设施保护委员会"[15]，进一步提升了对关键基础设施保护的重视程度。该委员会代表美国政府负责开展国家层面的网络安全工作[16]。2003 年，美国连续发布了《保护网络空间的国家战略》[17] 和《关键基础设施标识、优先级和保护》[18]，进一步明确了负责关键基础设施网络安全防护的部门、职责分工及相关法律责任。2008 年，美国发布了第 54 号国家安全总统令和第 23 号国土安全总统令，提出了国家级的网络安全综合计划，包括建立三道信息安全防线，并明确了关键基础设施、可信互联网连接等 12 项任务[19]。2013 年，奥巴马政府发布了第 13636 号行政令《关于提高关键基础设施网络安全的行政命令》[20]，明确了美国联邦政府和私营企业在关键基础设施网络安全信息共享与分析方面的权利、责任和义务。2017 年，美国专门针对电力信息网络安全出台了《电力网络安全研究与发展法案》[21]，作为《网络安全增强法》框架下的配套文件，进一步完善了相关法律体系。2021 年，拜登政府启动了电力信息网络安全"百日计划"，这是针对关键基础设施安全防护的首个试点项目，由多个部门联合实施，旨在提高美国电力行业在应对网络攻击时的威胁检测与防御能力[22]。

在欧洲，德国早在 1997 年就设立了关键基础设施工作组，并于 2005 年发布了《信息基础设施保护计划》和《关键基础设施保护的基线保护概念》，以加强关键基础设施的网络安全[23]。法国在 2003 年发布了《强化信息系统安全国家计划》，提出了确保国家领导通信安全、保障政府信息通信安全、建立反攻击能力，以及将法国信息网络安全纳入欧盟安全政策范围等目标[24]。欧盟则在 2007 年发布了《欧洲关键基础设施保护战略》[25]，并在 2011 年发布了《工业控制系统网络安全白皮书》[26]，指导欧盟成员国开展网络安全能力建设、协作和应急响应工作。

在标准制定方面，涉及电力 CPS 网络安全的国际标准主要由国际电工委员会（IEC）、电气与电子工程师协会（IEEE）、国际标准化组织（ISO）和国际自动化协会（ISA）等机构制定。IEC 于 2005 年制定了 IEC62351 标准[27]，即《电力系统管理及其信息交换——数据与通信安全性》，该标准针对电力通信协议在制定时缺乏安全考量的问题，旨在增强电力通信过程中数据的安全性，其核心内容包括认证和加密。IEC62351 标准涵盖协议安全规范、安全架构、访问控制、密钥管理、网络安全管理等内容，主要应对电力通信协议中可能发生的窃听、篡改、重放和欺骗等攻击行为。2008 年，北美电力可靠性协会（NERC）发布了 CIP 网络安全标准（CIP-002 至 CIP-009）[28]，这是美国第一个针对电力系统关键基础设施的强制性网络安全标准，要求电力企业执行相应标准，防范由于软件漏洞、访问控制不足、工业控制系统缺陷等导致的网络入侵。2016 年发布的第 6 版标准将 CIP 网络安全标准扩展为 12 个部分（CIP-002 至 CIP-013），根据电力系统各环节（如发电、输电、变电、配电）的网络信息系统和资产对电力生产的影响，进行分级管理，并为每一等级制定相应的安全防护要求。2012 年，美国能源部与国土安全部提出了网络安全能力成熟度模型（C2M2）[29]，该模型为建立网络安全防护能力的定量评估方法提供了工具。为满足电力行业的特殊需求，还专门提出了电力行业网络安全能力成熟度模型（ES-C2M2）[30]，该模型从风险管理、配置管理、供应链管理、网络安全信息共享等方面量化评估电力行业的网络安全防护能力，促进电力 CPS 网络安全行动和投资的有序开展。2020 年，美国联邦能源管理委员会与北美电力可靠性公司发布了《电力公司网络安全事件响应与恢复最佳实践》[31]，为电力行业应对网络攻击事件提供了参考。

国外许多科研机构也对电力 CPS 的安全防护进行了深入研究。例如，Vellaithurai C、Srivastava A 和 Zonouz S 等学者从信息物理系统的角度评估了电力 CPS 网络基础设施的安全风险[32]；Sun X、Dai J 和 Liu P 等人利用 Petri 网对智能电网中的信息物理攻击进行了建模[33]；Patel A、Alhussian H 和 Pedersen J M 等提出了一种协同入侵检测与防御架构[34]；Dhar S 和 Bose I 提出了基于零信任和区块链的电力物联网设备安全防护机制[35]；Chattopadhyay A 和 Mitra U 研究了虚假数据注入攻击的检测与防护[36]。这些研究为电力 CPS 的网络安全防御机制提供了有益的探索。然而，尽管现有标准体系提供了大量强制性或推荐性标准，当前对电力 CPS 网络安全的研究仍存在不足。随着网络威胁环境的不断变化，现有标准大多是在 IATF 纵深防御体系基础上完善了技术手段，但尚未形成协调运行的完整安全防御体系。在电力 CPS 网络安全保护方面，仍需进一步研究和突破。

2.4.2　国内电力 CPS 网络安全研究现状

我国是全球较早认识到电力 CPS 网络安全重要性的国家，国内相关部门和监管机构相继发布了加强电力 CPS 网络安全的各项规定和要求。2002 年，原国家经贸委发布了 30 号令《电网和电厂计算机监控系统及调度数据网络安全防护规定》[37]，为执行该规定，原国家电力公司组建了"电力二次系统安全防护专家组"，专门负责电力 CPS 网络安全事务，并制订了《全国电力二次系统安全防护总体方案》[38]。2005 年，国家电力监管委员会出台了 5 号令《电力二次系统安全防护规定》[39]，提出了"安全分区、网络专用、横向隔离、纵向认证"的"十六字方针"，从纵深防御的角度进一步明确了我国电力 CPS 网络安全防护的基本框架。2012 年，国家电力监管委员会发布了《电力行业信息系统安全等级保护基本要求》[40]，从"数据安全、应用安全、主机安全、网络安全和物理安全"五个维度提出了电力 CPS 网络安全的等级保护要求。

2014 年，中华人民共和国国家发展和改革委员会发布了 14 号令《电力监控系统安全防护规定》[41]，要求承载电网实时调度业务的生产控制网络具备防御恶意代码的能力，并加强电力信息网络的主动防护，构建一个安全可信的网络环境。2015 年，国家能源局发布了《关于加强电力行业网络安全工作的指导意见》[42]，在全局层面指导电力行业推进网络安全防护工作。2016 年，工业和信息化部发布了《工业控制系统信息安全防护指南》[43]，强调防护措施的可执行性，明确了从管理和技术层面对工业控制系统的安全防护要求。2017 年，《中华人民共和国网络安全法》[44] 正式实施，要求关键信息基础设施的相关企业定期评估其网络安全状况，并对其进行重点保护。2019 年，国家标准化管理委员会发布了《信息安全技术网络安全等级保护基本要求》[45]，为电力 CPS 网络安全和关键信息基础设施提供了更为严格的网络安全标准。2020 年，《中华人民共和国密码法》[46] 正式实施，作为总体国家安全观框架下的重要法律之一，成为国家网络安全法律体系的基础。2021 年，国务院发布了《关键信息基础设施安全保护条例》，明确了关键信息基础设施的范围及其保护原则和目标[47]。同年，《网络关键设备安全通用要求》[48] 作为强制性标准也正式实施，进一步推动了我国网络安全领域的规范化建设。

随着我国网络强国战略的不断推进，电力 CPS 网络安全的地位和作用愈加突出。近年来，国家在信息网络安全领域的政策和标准逐步完善，电力 CPS 网络安全保障技术也得到了显著提升，相关规定和要求的出台对于保障电力系统的安全与稳定运行起到了关键作用。然而，目前电力 CPS 网络安全防护措施大多依赖于 IATF 纵深防御思想，电力企业在网络安全建设过程中，通常根据特定的安全需求部署相应的安全产品，但单纯堆砌安全产品并不能根本提高整体网络安全防护能力。

在新的安全形势下，面对电力 CPS 网络安全面临的新挑战，国内一些科研机构和学者已开始深入探讨电力 CPS 网络安全的理论与技术。吴克河在其论文《电力信息系统安全防御体系及关键技术的研究》中提出了"网络业务安全"的概念，并探讨了主动防御理论及其在电力信息系统中的应用[49]。张彤在《电力可信网络体系及关键技术的研究》中基于可信计算理论提出了"电力可信网络"的构想，并构建了一个网络边界明确、软硬件可控、网络行为可验证的电力 CPS 网络[50]。张之刚在《电力监控网络安全态势智能感知方法研究》一文中，依托电力监控系统业务场景，提出了一系列方法，以增强电力 CPS 网络安全态势的智能感知能力[51]。王蕾在《电力信息物理协同攻击检测与序列模式挖掘方法研究》中，研究了电力 CPS 中的协同攻击检测、攻击路径分析与攻击序列模式挖掘技术，提升了电力系统在应对协同攻击时的防护能力[52]。倪震在《电力工控网络安全风险分析与预测关键技术研究》中，集中于电力 CPS 网络的主动防御，提出了基于日志分析的风险分析与预测技术，从而保障电力信息系统的功能安全与信息安全[53]。

尽管近年来国内的科研机构和学者在电力 CPS 网络安全领域取得了显著进展，但大部分研究仍然侧重于针对特定安全需求的深入探讨，主要补充了 IATF 纵深防御体系的技术层面内容。至今，还没有从全局安全角度，结合电力 CPS 网络的特点及特殊安全防御需求，提出协调控制安全数据、安全策略和安全能力的动态、主动、协调的电力 CPS 网络安全防御理论体系和方法。电力 CPS 网络作为一个整体，其安全防护应从系统整体视角出发，协调各类安全防御机制，只有这样才能最大化地发挥各个安全防御机制的作用，确保电力 CPS 网络的安全和稳定运行。

第 3 章　电力 CPS 网络安全体系结构

随着电力 CPS 面临的网络安全威胁日益复杂，单一的防护措施已难以应对当前的安全挑战。为了有效应对这些威胁，构建一个全面的安全防护体系显得尤为重要。在此背景下，分层的网络安全体系结构应运而生，它为应对多样化的安全挑战提供了系统化的解决方案。本章将详细讨论电力 CPS 的分层安全架构，从物理层、网络层、数据层到应用层，每个层次都面临独特的安全威胁，并需要相应的保护措施。通过探讨每个层级的防护方法，本章为构建全面的电力 CPS 安全防护体系提供了清晰的框架和指导。

3.1　电力 CPS 的分层安全体系结构

电力 CPS 是现代电力系统的关键组成部分，通过信息技术与物理系统的深度融合，电力 CPS 能够实现对电力系统的智能化、自动化管理。然而，这种高度集成的系统同时也带来了巨大的安全风险。为了有效应对这些风险，建立一个分层的安全体系结构至关重要。分层安全体系结构将电力 CPS 分为多个功能层次，每一层具有独特的安全需求和保护措施，确保整个系统的安全性、可靠性和稳定性。

3.1.1　分层安全体系结构的基本概念

分层安全架构的核心思想在于将电力 CPS 的复杂系统进行分解，通过对不同层次的系统模块进行独立分析与防护，使每一层的安全策略针对其独特的风险和需求进行优化。这一架构既能针对具体层次进行深度防护，又能够形成整体的协同防御机制。

在电力 CPS 中，分层安全体系结构是一种系统性的方法，目的是在通过将复杂系统划分为多个功能层次来增强整体的安全性和稳定性。每一层次专注于其独特的安全需求和挑战，并采用针对性的防护措施。通过这种方法，电力 CPS 可以实现从基础设施到应用服务的多层次、全方位安全防护，从而在面对复杂的安全威胁时保持高效和稳定。

分层安全体系结构的核心思想是将电力 CPS 的复杂系统划分为多个层次，允许每一层独立分析并实施专属的安全策略，以应对特定的安全风险。这一设计使每一层能够根据自身特点进行优化，从而在受到攻击时实现自适应的防护，并通过层与层之间的协同机制，实现整体防御的增强。例如，当物理层受到入侵时，网络层和数据层的防护措施可以协作，确保攻击不会进一步蔓延到系统的其他部分。这种架构在于最大限度地利用每层的安全特性，同时结合整体策略形成更具弹性的防御系统。通过各层的联动与相互作用，分层安全架构不仅提高了安全防护的深度，还为应对新型复杂攻击提供了坚实的基础。

电力 CPS 的分层安全架构通常包括四个主要层次，每个层次在整个系统中扮演着独特的角色，如表 3-1 所示。

表 3-1　电力 CPS 分层安全架构中各层的功能定位和角色

名称	功能定位	角色
物理层	物理层是电力 CPS 的基础层，负责维护和保护发电、输电、配电设备等物理设施的安全	作为系统的物理基础设施，物理层的安全保护直接关系到电力的生产和传输的稳定性。任何对物理设备的破坏都可能导致严重的运行中断
网络层	网络层负责数据和控制命令的传输，是连接电力 CPS 各部分的通信纽带	网络层的安全性影响系统数据传输的完整性和可用性。其安全防护旨在防止网络攻击，以保障系统稳定运行
数据层	数据层涉及数据的存储、传输和处理，是信息集成和分析的中心	数据层的保护确保了系统运行中涉及的数据机密性、完整性和可用性，防止数据泄露和篡改对电力 CPS 造成不良影响
应用层	应用层包括用户界面和应用程序，用于实现电力调度、负荷管理和其他用户功能	应用层的安全性直接影响系统功能的实现和用户体验。其主要任务是防止应用漏洞、身份验证问题等影响系统的正常运行

3.1.2　分层安全架构的优势

分层安全架构通过对电力 CPS 不同层次的安全需求进行独立分析和针对性防护，不仅能够增强系统的整体安全性，还具备以下几个方面的显著优势。

（1）威胁隔离

分层安全架构的一个显著优势在于能够实现威胁隔离。由于每一层都有独立的安全防护机制，即使某一层受到攻击，其他层次的系统仍能够保持稳定运行，从而避免攻击扩散到整个系统。例如，物理层的攻击可能不会立即影响网络层或应用层，从而为响应和修复争取时间。

（2）灵活性与可扩展性

分层设计为电力 CPS 的安全防护提供了高度的灵活性和可扩展性。随着技术的发展和系统的扩展，不同层次的安全措施可以独立升级，而不会影响整个系统的架构。例如，在网络层增加新的安全设备或在数据层加强加密算法时，其他层次的防护措施可以保持不变，从而降低系统升级的复杂性和风险。

（3）易于管理和审计

分层架构还为安全管理和审计提供了便利。由于每一层都有明确的安全边界和独立的防护机制，安全管理员可以分别监控和管理每一层的安全状态。例如，通过网络层的日志审计可以发现网络攻击的来源，而通过应用层的审计日志可以识别潜在的内部威胁。这种分层管理方法有助于快速定位问题，并减少全面审计的复杂性。

（4）成本效益

在电力 CPS 中实施分层安全架构还能提升成本效益。由于每一层的防护措施可以根据具体需求进行优化，系统资源得以更高效地利用，从而避免过度防护导致的资源浪费。例如，物理层的安全设备和防护措施可以集中部署在关键设施，而不必覆盖整个系统。同样，数据加密的强度也可以根据数据的重要性进行调整，从而降低对系统性能的影响。

（5）提升安全协同能力

分层架构不仅为每一层提供了独立的防护，还能通过跨层的协同机制进一步提升系统的整体安全性。例如，当网络层的防护系统检测到异常流量时，可以与数据层的加密模块进行协同，及时加密所有敏感数据以防止数据泄露。同时，应用层的用户操作也可以受到监控，以确保用户未利用网络漏洞进行不当操作。这种跨层协同的防护机制大大增强了系统的整体安全性。

3.1.3　各层之间的协同与整体防护

在电力 CPS 的分层安全体系结构中，各个层次的安全防护并非孤立存在，而是相互协作，形成了一个整体的安全防护网络。通过各层次的相互协同，可以大幅提升系统的安全性，确保在某一层遭受攻击时，其他层次的功能不受影响，保障电力系统的稳定运行。

（1）跨层防护策略的必要性

尽管物理层、网络层、数据层和应用层具有各自的安全需求，但电力 CPS 中的安全威胁往往是跨层的。例如，攻击者可能通过入侵网络层，获取对物理层设备的控制权，或者通过篡改数据层的运行数据，影响应用层的调度决策。因此，电力公司必须在各个层次之间建立紧密的协同机制，通过跨层防护策略，防止攻击者利用系统的跨层弱点实施复合型攻击。

（2）安全事件的统一响应机制

电力 CPS 应建立统一的安全事件响应机制，确保在任何一层检测到安全事件时，整个系统能够迅速作出响应。例如，一旦入侵检测系统发现网络层存在潜在的入侵行为，系统可以立即通知物理层的设备控制器，启动安全模式，将关键设备置于保护状态。此外，应用层应与数据层、网络层共享实时安全信息，确保在应急状态下能够进行协调处理，防止攻击扩大化。

（3）纵深防御策略的应用

纵深防御是一种通过多层次、多环节的防护措施，阻止攻击者在系统中逐步渗透的安全策略。在电力 CPS 中，各层次的防护措施共同组成了纵深防御体系，即使某一层的防护被攻破，攻击者仍需面对其他层次的防护。例如，网络层的加密措施可以阻止攻击者窃取数据，而即使数据层的加密失效，应用层的身份验证机制仍能防止未授权用户访问系统。

3.1.4　分层安全架构在实际应用中的挑战

尽管分层安全架构在电力 CPS 的网络安全防护中具有诸多优势，但其在实际应用中也面临着一些挑战。特别是在大规模的电力系统中，如何高效实施分层安全架构并确保其稳定运行，是一个需要深入探讨的问题。

（1）层次之间的依赖性

虽然分层设计有助于威胁隔离和管理，但各层次之间的紧密依赖性也可能带来一定的风险。例如，数据层和网络层的通信通常十分密集，如果网络层的安全措施不足，数据层的安全也会受到影响。如何在保持层次独立性的同时，确保跨层的高效协作，是分层安全架构在实施中需要重点解决的问题。

（2）性能与安全的平衡

电力 CPS 通常对实时性要求极高，特别是在数据传输和系统控制方面，安全措施可能会增加系统的延迟。例如，在数据层采用强加密技术虽然提高了安全性，但可能对数据传输速度和系统性能产生负面影响。如何在确保高安全性与维持系统高效运转之间取得平衡，仍然是分层架构实施中的重要挑战。

（3）新型攻击的应对

随着攻击手段的不断升级，特别是基于人工智能、物联网等新技术的攻击方式，分层安全架构可能面临新型攻击带来的挑战。例如，混合攻击往往同时针对物理层和网络层的漏洞，传统的分层防护措施可能难以应对。因此，分层架构需要不断引入新技术，如机器学习和智能监控，来适应新的安全威胁环境。

（4）系统复杂性与维护成本

分层安全架构虽然能提高系统的安全性，但同时也增加了系统的复杂性，进而提升了维护成本。特别是对于规模庞大的电力 CPS 来说，维护每一层的安全措施需要大量的人力和物力资源。如果没有合理的资源配置和高效的管理机制，系统的维护成本将随着架构的复杂性不断上升。因此，如何在分层架构中实现高效的资源管理，是各电力公司和系统集成商需要重点考虑的问题。

3.1.5 分层安全架构的未来发展方向

随着电力 CPS 的不断发展，分层安全架构的设计和实施也需要不断演进，以应对新的安全需求和挑战。未来，分层安全架构可能会在以下几个方向上进一步发展。

（1）智能化安全防护

随着人工智能和大数据技术的发展，分层安全架构的各个层次都将逐步引入智能化的安全防护手段。通过机器学习算法，系统可以实时学习和适应新的攻击模式，提高威胁检测的准确性和响应速度。例如，网络层可以通过大数据分析检测异常流量，数据层可以通过智能加密技术实时保护敏感数据，应用层则可以通过行为分析识别异常用户操作。

（2）动态分层安全策略

传统的分层安全架构往往是静态的，各层的防护策略在系统运行过程中相对固定。未来，随着网络环境的复杂化和攻击手段的多样化，动态的分层安全策略将成为趋势。通过实时分析系统的运行状态和威胁环境，系统可以动态调整各层的安全策略。例如，在某些时段或情况下，加强网络层的防护；而在其他情况下，则重点保护数据层或应用层的安全。

（3）基于区块链的分层架构优化

区块链技术在电力 CPS 中的应用越来越广泛，未来可能会用于优化分层安全架构。区块链的去中心化、透明性和防篡改特性可以为电力系统的各层提供更强的安全保障。例如，应用层可以通过区块链进行身份验证，确保用户操作的合法性；数据层可以通过区块链进行数据加密和存储，确保数据的完整性和不可篡改性。

（4）跨系统协同防护

未来的电力 CPS 将更加依赖于多个子系统的协同工作，因此跨系统的安全防护将成为分层架构的重要发展方向。通过建立跨系统的协同防护机制，不同系统间的安全策略可以相互协调，共享安全信息和威胁情报，从而形成更强大的整体防御体系。例如，电力调度系统与输电监控系统可以共享安全日志，及时识别和阻止跨系统的攻击行为。

分层安全架构模型为电力 CPS 的网络安全防护提供了强有力的技术支持。通过将系统划分为物理层、网络层、数据层和应用层，各层独立防护、协同运作，电力 CPS 能够更加有效地应对复杂的安全威胁。然而，随着技术的发展和攻击手段的日益复杂化，分层安全架构也面临着诸多挑战，尤其是在性能、安全和成本之间的平衡方面。

未来，随着智能化技术的应用、区块链的引入以及跨系统协同防护的进一步发展，分层安全架构将继续演变和优化，逐步形成更加动态、智能和高效的安全防护体系。这一体系不仅将为电力 CPS 的稳定运行提供有力保障，还将进一步推动电力系统向智能化、自动化的方向发展，为全球电力系统的安全性、可靠性和可持续性作出贡献。

电力 CPS 中的分层安全体系结构通过将物理层、网络层、数据层和应用层的功能与安全需求进行划分，有效提高了系统的整体安全性。每一层次都具有独特的安全挑战，电力公司通过在各层次部署针对性的安全防护措施，确保系统能够抵御复杂的网络攻击、物理入侵和数据泄露等多种威胁。

通过跨层协作、纵深防御和统一的安全响应机制，电力 CPS 可以在面对复杂的安全威胁时，保持系统的稳定性和可靠性。随着电力系统的智能化和复杂化趋势不断加剧，电力公司需要不断优化其分层安全防护策略，确保在未来的网络环境中，电力 CPS 能够抵御新型的安全挑战，保障电网的安全与稳定。

3.2　物理层的安全威胁与防护

电力 CPS 的物理层是系统的基础，承担着关键设备的运行和物理基础设施的维护。物理层的设备包括发电机、变压器、输电线路、变电站以及终端用户设备，如智能电表等。作为电力 CPS 的核心组成部分，物理层的安全性直接影响整个电力系统的运行稳定性。尽管电力系统的数字化和智能化提高了管理和控制的效率，但也使物理层暴露于更多的潜在威胁。为了保证物理层的安全，电力公司必须识别物理层可能面临的各种安全威胁，并采取相应的防护措施。

3.2.1　物理层的安全需求

物理层的安全防护首先要明确其特定的安全需求。物理层面上的安全需求不同于其他层次，主要涉及实体硬件设施的安全性。这些需求包括：

（1）防止未经授权的物理访问

电力设施，如发电站、变电站等，通常位于容易受到人为破坏的场所。防止未经授权的人员接近或破坏这些设施，是物理层安全的首要任务。为此，需要严格的物理访问控制措施，包括围栏、门禁、视频监控等手段。

（2）设备运行环境的安全保障

除了人为威胁，物理层还面临自然灾害和环境恶劣条件的挑战，如地震、洪水、雷击等可能导致的设备损坏。因此，需要对关键设备进行加固，并配置相应的环境监测和预警系统，确保设备能够在极端环境下稳定运行。

（3）关键设备的实时监控与防护

实时监控电力设备的运行状态是物理层安全防护的重要组成部分。通过传感器、摄像头、入侵检测系统等手段，持续监控关键设备的运作状态，可以提前发现异常，及时进行处理，避免安全事故的发生。

（4）应急响应与恢复能力

在物理层安全事件发生时，能够迅速启动应急响应机制、隔离损坏部分，并快速恢复电力供应，是电力 CPS 物理层安全防护的重要需求。这需要物理层的设备具备冗余设计和容错能力，同时配备完善的应急预案。

3.2.2 物理层的安全威胁

物理层的安全威胁主要来自物理入侵、设备故障、自然灾害，以及与网络层和数据层联动的复合型攻击。由于物理层涉及电力生产、传输和分配的具体设备，任何物理层的故障或入侵都可能引发系统性的问题[54]。

（1）物理入侵

物理入侵是指攻击者通过未经授权的方式接触和破坏电力设备。攻击者可以通过破坏设备、篡改设备参数或中断设备运行来影响电力系统的稳定性。例如，攻击者可以通过非法进入变电站，直接修改设备设置，导致发电机组或变压器超负荷运行，最终引发设备故障或大规模停电。

（2）设备故障与老化

电力 CPS 中的物理设备通常运行在严苛的环境中，长时间的高负荷运作、恶劣的天气条件、设备老化等因素都会导致设备出现故障。一旦物理层的关键设备如发电机、变压器或输电线路出现故障，整个电网的稳定性将面临威胁，甚至可能导致大规模的电力中断。

（3）自然灾害

物理层还面临来自自然界的威胁，如地震、洪水、飓风等自然灾害。自然灾害对物理层的设备威胁巨大，可能直接导致设备损坏、输电线路倒塌或变电站失效。此外，极端天气事件还可能引发次生灾害，如山体滑坡导致输电线路断裂，火灾烧毁变电站设备等。

（4）恶意内部人员

除外部威胁外，恶意内部人员也是物理层面临的一个重要安全风险。内部人员可能对电力设备的运行有较高的控制权限，如果这些人员出于个人利益或受外界胁迫进行非法操作，可能对系统造成严重影响。例如，内部人员可能通过物理接触修改设备参数，关闭关键设备，甚至破坏防护系统，导致物理设备遭到损坏。

（5）物理与网络层的联动攻击

随着电力系统的网络化和智能化发展，物理层与网络层、数据层的界限变得模糊。攻击者可以通过入侵网络层，控制物理层的设备，或者利用数据篡改影响物理设备的运行。例如，攻击者可以通过网络植入恶意代码，远程控制变压器的负载设置，导致物理设备过载或失效。这类复合型攻击不仅涉及网络安全，还需要物理层的联动防护。

3.2.3　物理层的安全防护措施

针对物理层面临的多种威胁，电力公司应采取多层次、多维度的防护措施，从物理防护、设备维护、应急管理等方面进行全面保护，确保物理层设备的安全和电力系统的稳定运行。

（1）加强物理防护

针对物理入侵的威胁，电力公司必须对其关键设施（如发电厂、变电站、输电线路）采取严格的物理防护措施，常见的物理防护措施如表 3-2 所示。

表 3-2　常见的物理防护措施

防护措施	说明
安全围栏与防护墙	在变电站、发电厂等关键设施周围设置高强度围栏、防护墙等物理屏障，防止非法人员接近和破坏设备
安防监控与入侵检测系统	在所有关键设施中安装监控摄像头、运动传感器、入侵检测系统，实时监控物理设备的运行情况。一旦发现可疑行为，系统能够自动发出警报并启动安全防护措施
无人机巡检与自动化监控	使用无人机进行输电线路、变电站等设备的定期巡检，可以提高设备监控的效率，及时发现可能的物理威胁。无人机能够快速检查长距离输电线路，尤其是在地形复杂或人工难以到达的地区

（2）加强设备维护与监控

物理设备的老化和故障是电力 CPS 运行中的常见问题。为了防止设备故障影响系统运行，电力公司通常采取的措施如表 3-3 所示。

表 3-3　加强设备维护与监控的措施

防护措施	说明
设备定期维护	建立全面的设备维护计划，定期检查和保养发电机、变压器等关键设备，及时修复潜在的故障点。通过定期的检查，能够发现设备的老化问题并在出现故障前更换关键组件
状态监测与预测性维护	安装智能传感器，实时监测设备的运行状态，如温度、振动、电流等参数。通过收集的运行数据，利用大数据分析和机器学习技术进行预测性维护，提前预警设备的潜在问题，减少突发性故障的发生
设备冗余设计	对于关键设备如发电机、变压器，电力公司可以采用冗余设计，即安装多个备用设备，确保在某一设备故障时，备用设备能够迅速投入运行，避免系统中断

（3）自然灾害防护与灾难恢复

自然灾害对电力 CPS 的物理层构成了巨大威胁，电力公司必须采取措施加强对自然灾害的防护，并制订有效的灾难恢复计划。为此，电力公司通常可采取的措施如表 3-4 所示。

表 3-4　自然灾害防护与灾难恢复的措施

防护措施	说明
防灾设施建设	在易受自然灾害影响的区域，电力公司应建设防灾设施，如加固输电塔基座、提升变电站的防洪能力、在地震多发区加强设备的抗震设计。此外，针对极端天气事件（如台风、高温、极寒等），电力公司应采取预防措施，如提升设备的耐候性，确保设备在恶劣条件下的持续运行
灾难恢复计划	建立完善的灾难恢复计划，确保在自然灾害发生时能够迅速恢复供电。电力公司应在灾前储备应急发电设备，备用输电线路、移动变电站等设施，确保在主电网遭受破坏时仍能提供基本的电力供应
灾害监测与应急响应	利用气象监测和地震监测技术，实时了解自然灾害的动态变化，并根据灾情启动应急响应机制。例如，在台风来临前，电力公司可以提前关闭高风险区域的输电线路，防止风暴期间发生大规模设备损坏

（4）内部人员行为监控与权限管理

针对内部威胁，电力公司应加强对员工行为的监控，确保关键设备操作只能由授权人员进行。为此，电力公司通常可采取的措施如表 3-5 所示。

表 3-5　内部人员行为监控与权限管理的措施

防护措施	说明
严格的权限管理	通过基于角色的访问控制（Role-Based Access Control，RBAC）系统，限制内部人员对物理设备的操作权限，确保只有经过认证和授权的人员才能进行关键操作。关键设备的操作应采用多因素认证（Multi-Factor Authentication，MFA），增加安全性
行为监控与日志记录	对所有关键设备的操作行为进行日志记录和监控，定期审查设备操作日志，发现并及时处理任何异常操作行为。利用智能监控系统，可以分析操作行为的模式，识别可能的恶意内部人员

（5）物理与网络安全的协同防护

电力 CPS 中的物理层与网络层、数据层紧密相连，因此，物理层的安全防护不能孤立进行，而应与其他层次的安全防护协同进行。物理层的安全应与网络安全、数据保护等措施相结合，构建一个全面的纵深防御体系。

①网络层与物理设备的联动监控。确保网络层与物理设备的实时联动监控至关重要。一旦网络层检测到攻击或异常流量，系统可以自动触发物理层设备的保护机制，关闭受威胁的设备或切换到备用设备。这种联动机制可以有效防止物理设备在遭遇网络攻击时出现运行失常或损坏。

②端到端加密与认证。确保物理设备与控制中心之间的数据通信采用端到端加密，防止数据在传输过程中被截获或篡改。通过身份验证技术，可以确保每个物理设备只能接收来自合法控制中心的指令，从而避免攻击者通过网络发送恶意指令控制设备的运行。

3.3　网络层的安全威胁与防护

电力 CPS 的网络层是系统运作的核心，负责管理和传输电力系统各个组件之间的通信数据。随着电力系统向智能化和数字化转型，网络层的复杂性和互联性大大增强，使其面临的安全威胁越发多样化。攻击者可以利用网络层的漏洞，通过各种形式的攻击破坏系统的稳定性。因此，理解网络层的安全威胁并采取有效的防护措施，对于保障电力 CPS 的安全运行至关重要。

本节将从网络层的安全需求、常见威胁、技术防护措施等多个方面进行详细阐述，并探讨如何在现代电力 CPS 中构建稳健的网络层安全防护体系，以应对日益复杂的网络安全挑战。

3.3.1　网络层的安全需求

网络层作为电力 CPS 的通信核心，其安全需求主要集中在以下几个方面。

（1）通信的可靠性和可用性

电力 CPS 中的网络通信承担着控制指令和监控数据的传输任务，因此，网络层必须保证通信的高度可靠和持续可用。任何通信中断或网络延迟都可能导致电力系统无法正常运行，甚至引发安全事故。因此，网络层的安全防护需要确保网络在恶意攻击或系统故障的情况下，依然能够稳定运行，并提供冗余机制以防止单点故障。

（2）数据的机密性与完整性

在电力 CPS 中，传输的数据包括关键的控制信号和实时监控信息，这些数据一旦被篡改或泄露，可能导致电力系统的操作异常，甚至引发严重的物理后果。因此，数据传输的机密性与完整性是网络层安全防护的重要目标。确保在数据传输过程中不被窃取或篡改，并且只有授权的用户和设备可以访问数据，是网络层安全防护的核心任务之一。

（3）抗攻击能力

网络层的抗攻击能力是指其在面对各种网络攻击时的防御和恢复能力。常见的攻击手段包括拒绝服务攻击（DoS）、分布式拒绝服务攻击（DDoS）、中间人攻击、流量劫持等。网络层的安全防护不仅要能够检测并抵御这些攻击，还需要在遭到攻击后能够迅速恢复，确保电力系统的稳定性不受到重大影响。

（4）身份验证与访问控制

在电力 CPS 的网络层中，只有经过授权的用户和设备才能参与通信，因此，身份验证和访问控制机制是防止未授权用户或恶意设备接入网络的关键手段。通过严格的身份验证和细粒度的访问控制，网络层可以有效防止未经授权的设备进行恶意操作，保障系统的整体安全。

3.3.2　网络层的安全威胁

网络层的安全威胁主要包括拒绝服务攻击（DoS/DDoS）、数据篡改与窃取、网络入侵和恶意软件传播等。这些攻击通常针对电力 CPS 中的通信网络和控制指令，影响数据的传输和设备的控制，最终可能引发大规模的电力中断。

（1）拒绝服务攻击（DoS/DDoS）

拒绝服务攻击（DoS）和分布式拒绝服务攻击（DDoS）是电力 CPS 中常见的网络层威胁之一。这类攻击的主要目的是通过向系统发送大量的无用数据包，占用网络资源，使系统无法处理合法的用户请求，导致服务中断。

在电力 CPS 中，DoS 和 DDoS 攻击的目标通常是电力调度系统或控制中心的通信网络。一旦这些网络被阻塞，电力系统中的实时数据传输将受到严重影响，可能导致电力负荷无法均衡分配，甚至引发大范围的停电。

（2）数据篡改与窃取

电力 CPS 中的数据传输包括大量的控制指令、传感器数据和设备运行状态信息。一旦这些数据被篡改，攻击者可以通过伪造指令误导系统作出错误的决策。例如，攻击者可以篡改电压或电流传感器的数据，导致控制中心误判电网的实际负荷情况，从而触发错误的调度决策，导致设备超负荷运行或电力供给失衡。

此外，数据窃取也是网络层的一个重要威胁。电力 CPS 中的敏感数据，如用户用电数据、负荷预测数据、设备配置数据等，如果被窃取，可能导致用户隐私泄露、商业机密外泄等问题，甚至被用于进一步的攻击。

（3）网络入侵

网络入侵是攻击者通过利用电力 CPS 网络中的安全漏洞，未经授权进入系统，获取控制权或窃取数据的一种攻击方式。在电力 CPS 中，网络入侵通常通过以下几种手段实现。

①利用系统漏洞。攻击者通过发现电力公司网络中的漏洞（如未打补丁的操作系统、过时的防火墙配置等）进入系统。

②社会工程攻击。通过网络钓鱼邮件、恶意链接等方式，诱导电力公司内部人员泄露系统登录凭证，进而获得访问控制系统的权限。

网络入侵的后果极其严重，一旦攻击者进入系统，可以操控电力设备、篡改数据或植入恶意软件，甚至导致整个电力网络瘫痪。

（4）恶意软件传播

恶意软件（Malware）是电力 CPS 中常见的安全威胁之一。攻击者通过植入恶意软件，可以实现对系统的远程控制、窃取数据、篡改设备参数等行为。常见的恶意软件包括病毒、蠕虫、木马和勒索软件等。

在电力 CPS 中，恶意软件通常通过网络钓鱼、感染的外部设备（如 U 盘、移动硬盘等）或漏洞攻击传播。一旦恶意软件进入系统，可能导致设备失控、数据丢失，甚至大规模停电。

3.3.3　网络层的安全防护策略

为了应对网络层的各种安全威胁，电力 CPS 需要采取多层次的安全防护措施，涵盖从数据加密、身份认证、网络隔离到入侵检测等多个方面。

（1）网络隔离与分段

网络隔离和分段是防御网络层安全威胁的基本策略之一。通过将电力 CPS 中的不同系统和设备隔离在不同的网络段中，可以有效限制攻击者在系统中的横向移动。例如，控制网络与业务网络应当严格隔离，确保即使业务网络遭到攻击，控制网络仍然保持安全。

此外，虚拟局域网（VLAN）技术可以进一步将不同的设备和子系统进行逻辑隔离，减少攻击者通过一台设备渗透到其他设备的可能性。

（2）数据加密与传输保护

电力 CPS 中的所有数据传输都应使用强加密技术进行保护，确保数据在传输过程中不会被窃取或篡改。常见的加密技术包括传输层安全协议（TLS）、虚拟专用网络（VPN）以及 IPSec 等。

同时，电力公司应确保在设备和控制中心之间进行端到端加密传输，并通过数字签名技术确保数据的完整性和合法性，防止攻击者在中途篡改数据。

（3）身份验证与访问控制

加强身份验证和访问控制是防止网络入侵的关键措施。电力 CPS 应使用强密码策略、多因素认证（MFA）等技术，确保每个用户和设备在访问系统时都经过严格的身份验证。

此外，电力公司应实施基于角色的访问控制（RBAC）策略，确保每个用户只能访问其工作所需的系统和数据，避免不必要的权限滥用。

（4）入侵检测与防御系统（IDS/IPS）

部署入侵检测系统（Intrusion Detection System，IDS）和入侵防御系统（Intrusion Prevention System，IPS）是实时监控和响应网络攻击的重要手段。IDS 能够实时检测网络中的异常活动，如恶意流量、数据篡改、可疑登录等，并发出警报，提示管理员采取相应的防护措施。

IPS 则进一步扩展了 IDS 的功能，能够在检测到异常行为后，自动阻止攻击行为。例如，IPS 可以在检测到 DDoS 攻击时，自动限制攻击流量，防止系统被超载。

（5）防火墙与流量过滤

防火墙是电力 CPS 网络层防护的第一道防线。通过配置严格的访问控制规则，防火墙可以有效过滤掉来自不信任来源的流量，防止外部攻击者通过网络进入系统。

同时，电力公司还可以使用深度包检测（DPI）技术，进一步分析网络流量，识别和拦截恶意数据包，防止攻击者通过数据篡改、恶意软件传播等手段破坏系统。

（6）网络流量分析与异常检测

为了识别潜在的安全威胁，电力公司应采用网络流量分析工具，对网络中的数据传输情况进行实时监控和分析。通过分析网络中的数据包模式、流量走向和设备间的通信行为，可以识别异常流量并及时采取应对措施。

例如，突然的流量激增可能意味着 DDoS 攻击，网络流量分析工具可以通过识别异常的流量模式，自动触发防护措施，如阻断恶意流量或隔离受攻击的设备。

（7）网络安全培训与意识提升

除了技术手段，电力公司还应定期对员工进行网络安全培训，提升其安全意识。网络钓鱼、社会工程攻击等手段往往依赖于人为失误，因此，定期的安全培训可以有效减少员工在处理电子邮件、点击链接、访问外部网站时的风险行为，降低攻击者通过网络层入侵系统的可能性。

3.4 数据层的安全威胁与防护

电力 CPS 的数据层在整个系统中起着至关重要的作用，它不仅负责存储和处理大量的

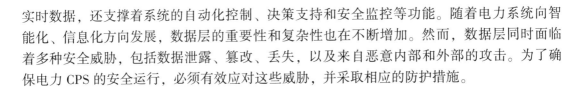

实时数据，还支撑着系统的自动化控制、决策支持和安全监控等功能。随着电力系统向智能化、信息化方向发展，数据层的重要性和复杂性也在不断增加。然而，数据层同时面临着多种安全威胁，包括数据泄露、篡改、丢失，以及来自恶意内部和外部的攻击。为了确保电力 CPS 的安全运行，必须有效应对这些威胁，并采取相应的防护措施。

3.4.1 数据层的安全需求

数据层是电力 CPS 中对各种关键数据进行存储、传输和处理的核心部分。由于电力系统对数据的依赖性极强，一旦数据被窃取、篡改或丢失，都会对系统的控制和运行造成严重影响。数据层的安全需求主要集中在以下几个方面。

（1）机密性

机密性指确保数据只能被授权用户或系统访问，防止未授权的人员或设备获取敏感信息。在电力 CPS 中，涉及设备操作、状态监控、用户数据的机密性至关重要，尤其是远程控制和管理的敏感数据。

（2）完整性

数据的完整性是指确保数据在传输、存储和处理过程中不被篡改。电力 CPS 中的数据完整性是防止错误控制指令或篡改信息导致系统操作失误或运行异常的重要保障。

（3）可用性

可用性是指确保数据在需要时能够被及时、可靠地访问。电力系统需要实时监控、远程操作，因此数据层必须具备极高的可用性，确保系统在任何时候都能正确访问和处理数据。

3.4.2 数据层的安全威胁

数据层的安全威胁多样且复杂，它们可能来自系统内外不同的攻击向量。以下是一些关键的安全威胁。

（1）数据泄露

数据泄露是电力 CPS 数据层面临的主要安全问题之一。电力系统中涉及大量的敏感信息，包括发电数据、用电量信息、设备状态信息等。一旦这些数据被未经授权的第三方获取，可能会导致电网运行的隐私泄露，甚至威胁系统的整体安全。例如，黑客可能会通过窃取设备状态数据来掌握电网的脆弱点，并实施进一步的攻击。

泄露的方式多种多样，可能通过内部人员的无意泄露或恶意行为，也可能通过网络攻击、恶意软件，或物理盗窃的形式实现。一旦数据泄露，电力公司不仅面临潜在的运营风险，还可能遭受法律和声誉损失。

（2）数据篡改

数据篡改是指攻击者在未经授权的情况下修改数据，使电力 CPS 无法获取到真实的设备运行状态或用电负荷等信息。这种篡改行为可能导致控制中心作出错误的决策，进而对电力系统的安全产生重大影响。例如，攻击者可以通过篡改设备传感器的数据，使控制中心误以为某个设备处于安全状态，实际上该设备可能已经超负荷运行，存在安全隐患。

篡改行为通常发生在数据传输的过程中，也可能在数据存储时被恶意修改。因此，确保数据的完整性和真实性，是保障数据层安全的一个重要方面。

（3）数据丢失与破坏

数据丢失和破坏是电力 CPS 数据层中另一个严重的安全问题。电力系统需要依赖历史数据来进行负荷预测、设备维护和故障诊断等功能，一旦这些数据丢失或被破坏，系统将无法进行准确的预测和调度，影响电网的正常运行。

数据丢失可能由硬件故障、恶意攻击或操作失误引起。例如，攻击者可以通过勒索软件加密关键数据，要求电力公司支付赎金才能解密这些数据；或者，攻击者通过物理破坏设备的存储单元，导致数据不可恢复。

（4）恶意内部人员行为

虽然很多数据威胁来自外部攻击者，但内部人员也是数据层安全的一个主要威胁。拥有高权限的内部人员可以访问系统中的敏感数据，甚至对其进行修改或删除。如果这些内部人员出于恶意或因疏忽导致数据泄露或篡改，可能会造成严重的后果。例如，某些高权限的员工可能因为经济利益或被胁迫而泄露系统中的敏感数据。

（5）恶意软件与网络攻击

恶意软件（如病毒、蠕虫和勒索软件）和网络攻击（如中间人攻击、SQL 注入等）是数据层面临的典型安全威胁。攻击者可以通过恶意软件感染数据存储设备或数据库服务器，篡改、删除或加密数据，使电力 CPS 无法正常获取和处理数据。

例如，勒索软件攻击可以加密系统中的关键数据，并要求电力公司支付赎金以恢复数据访问。这类攻击不仅影响数据的可用性，还可能造成系统运行的中断，影响电力的正常供应。

3.4.3　数据层的安全防护策略

为了应对数据层面临的安全威胁，电力 CPS 必须采取全面的防护措施，确保数据的保密性、完整性和可用性。以下是几项关键的防护策略。

（1）数据加密与传输保护

数据加密是保障数据安全的基础措施之一。电力 CPS 中的所有敏感数据，无论是存储在本地还是在网络中传输，都应采用强加密技术进行保护。常见的加密算法包括 AES（高级加密标准）、RSA（公钥加密算法）等。

在数据传输过程中，电力 CPS 应使用加密通信协议（如 TLS、IPSec）来确保数据在传输过程中不会被窃取或篡改。此外，为了防止中间人攻击，电力公司应采用数字签名和证书验证技术，确保通信的双方都是可信任的实体。

（2）数据完整性校验与防篡改机制

为了防止数据篡改，电力 CPS 应实施数据完整性校验和防篡改机制。例如，通过使用哈希函数（如 SHA-256），可以为每一组数据生成唯一的哈希值，任何微小的数据修改都会导致哈希值的变化，从而能够检测到数据是否被篡改。

同时，电力公司可以采用区块链技术来存储重要的系统运行数据和日志信息。区块链的分布式账本和不可篡改的特性可以有效防止数据被恶意修改，并且能够追踪每次数据修改的来源和时间，为事后调查提供依据。

（3）数据备份与灾难恢复

数据备份是防止数据丢失和破坏的重要措施。电力公司应建立全面的数据备份计划，定期备份关键数据，并将备份数据存储在不同的物理或云端位置。备份策略应遵循"3-2-1"原则：即保持至少三份数据副本，存储在两个不同的介质上，并将其中一份副本保存在异地。

此外，电力公司应制订灾难恢复计划（Disaster Recovery Plan，DRP），确保在发生数据丢失或破坏时，能够迅速恢复系统运行。灾难恢复计划应包括数据恢复的优先级、恢复时间目标（RTO）、恢复点目标（RPO）等要素。

（4）访问控制与权限管理

严格的访问控制和权限管理是确保数据层安全的重要措施之一。电力公司应通过基于角色的访问控制（Role-Based Access Control，RBAC）系统，确保每个用户只能访问与其职责相关的数据，避免不必要的权限过大。

多因素认证（MFA）应成为电力 CPS 访问控制的一部分，尤其是对敏感数据和关键系统的访问，应通过密码、智能卡、生物识别等多种方式进行身份验证。此外，所有的访问和修改行为应当被记录并定期审查，以防止恶意内部人员滥用权限。

（5）数据审计与日志分析

为了及时发现数据层中的异常行为，电力公司应实施全面的数据审计和日志分析机制。数据审计能够记录系统中的所有访问、修改、删除和传输行为，并为事后调查提供依据。通过对日志的定期分析，电力公司可以识别潜在的安全威胁，如异常的数据访问行为、未授权的修改操作等。

现代化的日志分析系统可以结合人工智能和机器学习技术，对海量日志数据进行自动化分析，发现异常行为，并在检测到潜在威胁时触发警报。

（6）内部安全审计与培训

为了减少内部威胁，电力公司应定期对员工进行安全培训，提高其数据安全意识。例如，员工应了解如何识别钓鱼邮件、如何安全处理敏感数据，以及遵循最小权限原则进行系统操作。

同时，定期的内部安全审计可以帮助电力公司发现潜在的内部安全隐患，确保内部人员行为符合安全政策，防止恶意行为和数据泄露。

3.5 应用层的安全威胁与防护

在电力 CPS 中，应用层承担着与用户、设备和系统交互的关键任务，直接影响系统的运行控制、数据管理和电力调度。随着电力系统的智能化发展，应用层的复杂性和多样性不断增加，不仅需要与不同的设备通信，还要执行调度、控制和优化等高级功能。因此，应用层成为电力 CPS 中最容易受到攻击的部分之一。

应用层的安全威胁来自多个方面，包括软件漏洞、身份认证失效、恶意软件攻击以及拒绝服务攻击（DoS）。为了保护应用层的安全，必须从系统设计、权限管理、攻击检测和漏洞修补等方面进行全面的防护。以下将详细分析应用层的安全需求，面临的主要安全威

胁，并探讨有效的防护策略。

3.5.1　应用层的安全需求

应用层是电力 CPS 的操作和控制中心，负责处理用户请求、执行控制任务、管理数据和通信。应用层的安全性至关重要，因为任何应用层的漏洞或攻击可能会导致整个系统的瘫痪或失控。应用层的安全需求包括：

（1）应用程序的健壮性

应用程序必须具备良好的健壮性，能够应对各种异常情况和攻击，避免因代码漏洞、错误输入或恶意操作而导致系统崩溃。

（2）权限管理

应用层的安全还依赖于合理的权限管理。不同用户和角色应当拥有不同的操作权限，确保用户只能执行与其职责相符的操作，防止权限滥用。

（3）安全更新与补丁管理

电力 CPS 中的应用程序需要定期更新和修补已知的安全漏洞，以防止攻击者利用这些漏洞进行入侵或篡改系统。及时的更新和补丁管理能够极大地降低安全风险。

（4）审计与日志管理

应用层的审计和日志管理是分析和追踪安全事件的关键手段。通过对应用程序的操作日志进行审计，可以有效发现潜在的威胁，并采取相应的措施。

3.5.2　应用层的安全威胁

应用层面临的安全威胁主要包括以下几类。

（1）软件漏洞与应用攻击

软件漏洞是应用层安全中最常见的威胁之一。由于应用程序在开发过程中可能存在编程错误或设计缺陷，攻击者可以利用这些漏洞发起各种攻击，例如代码注入、远程执行攻击和权限提升攻击。

①代码注入。攻击者可以通过输入恶意代码，让应用程序执行非预期的操作。例如，SQL 注入攻击是最典型的代码注入形式，攻击者通过在输入框中插入 SQL 命令，使应用程序执行恶意查询，从而获取或修改数据库中的数据。

②远程执行攻击。在某些情况下，攻击者可以通过网络远程控制应用层的执行流程，篡改电力调度命令或控制设备的运行。这类攻击不仅会影响系统的稳定性，还可能对电力设备造成实质性的破坏。

③权限提升攻击。一些应用程序的设计缺陷可能允许攻击者通过低权限账户获得高权限，从而访问系统中的关键功能和数据。例如，攻击者通过恶意利用应用程序的逻辑漏洞，可以从普通用户权限提升到管理员权限，进而获取对电力调度或设备控制的访问权。

（2）身份认证与授权不足

在电力 CPS 中，身份认证和访问控制是保障应用层安全的重要环节。如果身份认证机制设计不完善，攻击者可以通过冒用合法用户的身份登录系统，执行未授权的操作。常见的攻击方式包括暴力破解、社会工程攻击以及会话劫持。

①暴力破解。攻击者通过反复尝试密码组合，最终猜中用户密码并获取访问权。如果系统没有设置强密码策略和登录限制，攻击者可以很容易地通过暴力破解获得合法用户的身份信息。

②社会工程攻击。攻击者通过诱骗或欺诈的方式，获取用户的登录信息，例如通过钓鱼邮件或伪装成合法服务人员获取用户的登录凭证。社会工程攻击往往不依赖于技术漏洞，而是利用了人性的弱点。

③会话劫持。攻击者在用户登录应用系统后，通过劫持用户的会话令牌，冒充合法用户执行恶意操作。这种攻击通常发生在身份认证机制不严格、会话管理不完善的情况下。

（3）拒绝服务攻击

拒绝服务攻击（DoS）是通过向应用系统发送大量虚假请求，使服务器资源被耗尽，从而无法处理正常用户的请求。在电力 CPS 中，应用层通常处理着大量的实时数据和命令，任何对应用层的 DoS 攻击都会直接影响系统的运行。例如，攻击者可以通过向调度系统发送大量无效请求，导致电力调度命令无法及时传输，影响电网的稳定性。

（4）恶意软件与后门攻击

恶意软件也是应用层的常见威胁之一，攻击者通过恶意软件植入后门，允许远程控制应用层的操作。恶意软件通常通过网络钓鱼、受感染的应用程序或外部设备（如 U 盘、移动硬盘等）传播。一旦恶意软件被植入系统，攻击者可以执行远程控制、窃取数据或篡改调度命令等操作。

3.5.3　应用层的安全防护策略

针对应用层的安全威胁，电力公司必须采取全面的防护策略，涵盖从软件开发到系统运维的各个环节，确保应用层的安全性和可靠性。

（1）安全开发与漏洞管理

为了防止软件漏洞的出现，电力公司在开发应用程序时，应遵循安全编码标准，确保代码的健壮性和安全性。例如，避免使用不安全的函数、进行输入验证、使用加密传输数据等。

此外，电力公司应定期对应用程序进行漏洞扫描和安全审计，及时发现并修复潜在的安全漏洞。对于已知的安全漏洞，必须及时应用补丁或更新，防止攻击者利用未修补的漏洞发起攻击。

（2）身份验证与访问控制

强化身份验证是保障应用层安全的重要手段。电力 CPS 应采用多因素认证（Multi-Factor Authentication，MFA）机制，确保只有经过多重验证的用户才能访问系统。例如，可以结合密码、智能卡和生物识别技术（如指纹识别、面部识别等）进行身份认证。

在访问控制方面，电力公司应实施基于角色的访问控制（Role-Based Access Control，RBAC），确保用户只能访问与其职责相关的系统功能和数据。对于敏感的操作或数据访问，还应设置额外的审批流程，确保高权限操作得到充分的监管和审核。

（3）应用防火墙与流量监控

为了防止应用层受到外部攻击，电力公司应部署应用层防火墙（Web Application

Firewall，WAF），实时监控和过滤进入应用系统的流量。WAF 可以识别和阻止常见的应用层攻击，如 SQL 注入、跨站脚本攻击（XSS）等。

此外，通过网络流量监控工具，电力公司可以分析应用层的流量模式，识别潜在的拒绝服务攻击（DoS）和其他异常流量行为。一旦检测到异常流量，系统可以自动触发防御机制，阻止恶意流量进入。

（4）应用层日志审计与异常检测

日志审计是监控应用层安全的有效手段之一。电力公司应对所有应用层操作进行详细的日志记录，包括用户登录、数据访问、命令执行等操作。通过对日志的定期审查，可以及时发现和分析潜在的安全威胁。

此外，电力公司可以结合机器学习和大数据分析技术，对应用层的操作行为进行自动化的异常检测。例如，系统可以通过分析正常的操作模式，识别出异常的行为模式，如频繁的失败登录尝试或突然的大规模数据传输等。

（5）安全培训与应急响应

为了防止社会工程攻击和恶意内部人员行为，电力公司应定期对员工进行安全培训，帮助其识别和应对潜在的安全威胁。培训内容应包括如何识别钓鱼邮件、如何设置强密码、如何遵守最小权限原则等。

此外，电力公司应制订完善的应用层应急响应计划，确保在应用层遭受攻击或系统出现故障时，能够迅速隔离受影响的部分，并恢复系统的正常运行。应急响应计划应包括攻击检测、事件报告、隔离措施和系统恢复等环节。

第 4 章　电力 CPS 中的攻击建模与分析

尽管电力 CPS 的分层安全体系结构为应对网络安全威胁提供了坚实的框架，但了解可能面临的各种攻击形式及其影响同样至关重要。攻击者可以利用系统的开放性和复杂性实施物理、网络及混合攻击，因此，建立有效的攻击建模与分析方法将是制定针对性的防御策略的基础。本章将集中讨论针对电力 CPS 的各类攻击建模与分析方法。电力系统的开放性使其易受到物理、网络以及混合攻击的影响，而有效的攻击建模是制定防御策略的前提。通过详细分析不同类型攻击的影响和检测技术，本章为读者理解电力 CPS 安全防御策略的设计和实施提供了必要的技术基础，帮助识别和预防潜在威胁。

4.1　物理攻击的建模与影响分析

随着电力 CPS 的发展，物理攻击已成为电力基础设施安全领域不可忽视的威胁。物理攻击指的是攻击者通过直接干预或破坏物理设备来对电力系统造成影响。这类攻击通常瞄准发电站、变电站、输电线路、配电设施等关键节点，并且可能通过协同网络攻击加剧影响。为了有效防御这类攻击，必须建立合理的攻击模型并分析其对电力 CPS 的影响。

本节将深入探讨电力 CPS 中物理攻击的建模，分析物理攻击的不同类型及其对电力系统的破坏力，讨论建模技术及其实际应用场景，最后介绍物理攻击的防御措施及应对策略。

4.1.1　物理攻击的定义与类别

物理攻击通常指针对电力系统物理设备的有意破坏行为。这类攻击既可以是由外部威胁实施，如恐怖分子或敌对国家的袭击，也可能由内部人员的恶意行为引发[55]。物理攻击的目标包括：

①发电设施。发电设施如燃煤电厂、核电站、水电站等，一旦这些设施遭到破坏，可能导致发电量大幅下降，甚至引发系统性的电力短缺。

②输电和配电网络。通过切断或损坏输电线，攻击者可以中断电力传输，造成局部甚至广泛的停电。

③变电站和开关设备。攻击者通过破坏变电站或其他电力设备，可以影响电力的转换和调度，直接威胁电网的稳定性。

④电力控制设备。电力控制设备如智能电表、传感器和继电保护设备也是物理攻击的重点目标。这类设备一旦被破坏，可能导致错误的电力调度和数据失真。

根据物理攻击的不同特点，可以将其分为三类，如表 4-1 所示。

表 4-1　物理攻击的类别

攻击类别	说明
破坏性攻击	这是最直接的物理攻击类型，攻击者通过破坏或损坏电力设备，使其失去功能。例如，破坏变压器、输电塔等关键设备，直接导致电力中断
入侵性攻击	这种攻击方式侧重于未经授权进入电力设施，通过操作设备或篡改设备参数来干扰系统的正常运行。入侵者可能修改变压器的工作参数，使其超负荷运行，进而导致设备故障
物理-网络协同攻击	这类攻击结合了物理和网络攻击手段，攻击者首先通过网络层面的入侵获取对电力系统的部分控制权，然后通过物理攻击加剧影响。例如，攻击者可以远程关闭某些电力设备后，再通过物理攻击进一步破坏剩余设施

4.1.2　物理攻击的建模方法

物理攻击的建模是为了模拟攻击行为并评估其对电力 CPS 的潜在影响。这一过程有助于理解攻击者可能采取的行动，并制定相应的防御策略。常见的物理攻击建模方法包括以下几种。

（1）威胁模型

威胁模型（Threat Modeling）是用于识别系统中可能存在的安全威胁并评估其风险的一种技术。在物理攻击建模中，威胁模型可以帮助确定系统的脆弱性和可能遭受攻击的关键节点。威胁模型的基本步骤包括：

①资产识别。确定电力 CPS 中最有价值或最容易受到攻击的资产，如变电站、输电塔、关键控制设备等。

②攻击途径分析。识别攻击者可能采取的路径，了解其进入系统或物理设施的方式。

③威胁评估。评估不同攻击类型对系统的潜在影响，如系统失效、设备损坏、数据篡改等。

威胁模型通常采用标准化的框架，如 STRIDE（Spoofing，Tampering，Repudiation，Information disclosure，Denial of service，Elevation of privilege）来分析不同类型的攻击对系统的威胁。

（2）脆弱性模型

脆弱性模型（Vulnerability Modeling）主要用于评估电力 CPS 中的物理设备或系统的薄弱环节。通过模拟不同攻击对系统关键部分的影响，可以识别出最容易被攻击者利用的漏洞。例如，某些老化设备、暴露在外的输电线路或未受保护的变电站都可能成为攻击者的首选目标。

（3）动态故障模型

动态故障模型（Dynamic Fault Modeling）是模拟攻击者通过物理破坏或入侵导致设备逐步失效的过程。这类模型特别适用于复杂的电力系统，因为电力设备往往是互联的，一个节点的失效可能引发连锁反应。例如，攻击者通过破坏变电站可能导致其他设备过载运行，从而加剧系统的整体崩溃。

（4）风险评估模型

风险评估模型（Risk Assessment Model）侧重于量化物理攻击对电力 CPS 的整体风险。

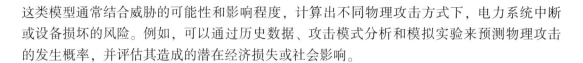

这类模型通常结合威胁的可能性和影响程度，计算出不同物理攻击方式下，电力系统中断或设备损坏的风险。例如，可以通过历史数据、攻击模式分析和模拟实验来预测物理攻击的发生概率，并评估其造成的潜在经济损失或社会影响。

4.1.3 物理攻击的影响分析

物理攻击对电力 CPS 的影响往往是多层次的，不仅包括直接的设备损坏，还可能引发电网的不稳定、经济损失、社会动荡等广泛影响。根据攻击的类型和目标，物理攻击的影响可以分为以下几个方面。

（1）电网中断与电力供应影响

电网中断是物理攻击的直接结果之一。攻击者通过破坏输电线路、变电站或发电设备，可以迅速导致电力供应中断。影响范围根据攻击的目标和规模而有所不同，可能从局部停电扩展到大规模停电。局部停电可能影响到某个城市或区域，而大规模攻击则可能使整个国家的电力系统瘫痪。

例如，2013 年发生在美国加州的梅蒂卡尔夫变电站枪击事件，攻击者通过物理破坏变压器冷却系统，导致多个变压器失效，差点引发大范围的停电。这类攻击显示了物理攻击对电力基础设施的直接影响。

（2）系统恢复与应急响应挑战

物理攻击还会给电力公司带来巨大的恢复和应急响应挑战。即使在物理攻击结束后，电力系统的修复也可能需要较长时间，特别是对于被破坏的关键设备而言，恢复时间可能长达数周甚至数月。例如，大型变压器的制造和安装通常需要几个月的时间，这意味着攻击可能导致长时间的电力供应中断。

此外，应急响应团队需要快速判断攻击的影响范围，协调各部门修复设备和恢复电力。这些操作需要高效的通信、明确的应急预案和充足的备用设备，以减小系统中断对社会和经济的影响。

（3）电力系统稳定性和连锁故障风险

电力 CPS 的特性使得物理攻击不仅会导致局部设备损坏，还可能触发连锁故障，影响整个电网的稳定性。电力系统通常是高度互联的，某一部分的故障可能会加剧其他部分的压力。例如，攻击者通过破坏某一变电站，导致电力负荷转移到其他变电站，进而导致其他设备过载运行。这种连锁反应可能最终导致整个电力系统的瘫痪。

（4）经济损失与社会影响

物理攻击的经济损失不仅体现在设备的维修和更换上，还包括由于停电引发的生产力下降、商业停滞和生活不便。大规模的停电可能导致工厂停工、金融交易中断、交通混乱等问题，直接影响社会的正常运行。例如，2003 年的北美大停电事件，尽管并非由物理攻击引起，但表明了电力系统大规模故障对社会的严重影响，经济损失高达数十亿美元。

（5）国家安全与公共安全风险

由于电力系统是国家关键基础设施，物理攻击对其的破坏也会引发国家安全问题。攻击者通过摧毁电力基础设施，可以削弱国家的防御能力，干扰政府和军事设施的正常运作。此外，物理攻击引发的大规模停电可能导致社会不安，影响公众信心，进而引发社会动荡。

4.1.4　物理攻击的防御与应对策略

针对物理攻击的建模和影响分析，电力公司必须制定多层次的防御与应对策略，以最大限度减少物理攻击。防御与应对策略旨在从多个层面上减少物理攻击对电力 CPS 的破坏影响。物理层防护通常包括加强电力设施的物理防护、提升检测与监控技术、优化应急响应系统等。在结合物理与网络攻击协同防护的策略时，还需要引入跨层次的安全防御机制，从而确保电力系统的各个环节在面对物理攻击时能够保持足够的弹性和韧性。

（1）加强物理安全防护

对于电力系统中的重要物理设备，如变电站、输电线路、发电设施等，电力公司必须采取严格的物理防护措施。这些措施包括：

①设施安全围栏。在关键电力设施周围安装高等级的安全围栏，并结合入侵检测系统和视频监控系统，实现对物理威胁的实时监控。特别是在敏感区域，如变电站和发电厂周围，应设置自动化警报装置，一旦检测到未经授权的入侵行为，能够快速作出反应。

②无人机与巡检机器人。采用无人机与巡检机器人进行远程监控和实时巡检，特别是对偏远地区的输电线和设备进行检查。这类设备不仅可以通过高分辨率摄像头实时监控设备状态，还可以自动检测潜在的物理威胁和设备故障。

③多层次防护系统。为关键设备建立多层次的安全防护系统，包括物理屏障（如防爆墙）、地理位置限制（如将变电站安置在地下或特殊设施内）等。特别是在面对恐怖袭击和敌对国家的威胁时，加强防护设施的韧性显得尤为重要。

（2）实施入侵检测与实时监控

入侵检测和实时监控技术是防御物理攻击的有效手段。通过技术手段实现对物理层设施的全面监控，可以提前识别潜在的攻击威胁，并采取应对措施。以下是几种关键的检测与监控技术。

①智能监控系统。在变电站、发电厂等关键基础设施中部署智能监控摄像头和传感器，实时分析设备状态、异常活动及潜在入侵行为。通过与 AI 技术结合，智能监控系统可以自动分析和识别出异常行为，例如非正常的人为活动或设备异常振动等，并向系统管理员发出警报。

②传感器网络。部署物理层传感器网络，用于监测电力设施的运行状态和环境变化。传感器可以实时采集温度、振动、位移等物理信息，从而在物理攻击发生前或发生时及时识别出潜在的风险。这些传感器可以在设备遭受攻击时检测到冲击波或温度升高，从而迅速启动防御机制。

③无人机巡检技术。利用无人机对输电线等广泛区域的设备进行远程巡查，可以有效避免人员巡检的盲点。无人机搭载高精度摄像机和红外传感器，可以检测输电线的损坏情况和入侵风险。

（3）优化应急响应机制

电力系统的复杂性和广泛的物理攻击面要求拥有完善的应急响应机制。应急响应策略不仅要涵盖物理设备的修复和恢复，还需要包含高效的电力负荷转移和备用电源的调度。

①灾难恢复与应急计划。在发生物理攻击或大规模设备故障后，电力公司应具备完善

的应急计划，确保在短时间内恢复电力供应。这类计划包括备用电源的调配、备用输电线路的启用，以及临时发电设施的快速部署等。此外，灾难恢复计划应包括大规模设备损坏情况下的物资供应链管理和关键设备的应急维修能力。

②应急电力供应。应急电源和微电网技术可以在电网遭受攻击时，提供临时电力供应，以确保关键设施（如医院、政府部门等）维持正常运行。微电网具备较强的自治能力，在电网故障时，可以独立提供电力。

③关键设备冗余设计。对于重要的电力设备（如变压器、继电保护设备等），电力公司应实施冗余设计，确保在某一设备遭受攻击时，备用设备可以迅速接替其运行，防止系统全面瘫痪。

（4）提升协同防护能力

由于现代电力 CPS 中物理攻击与网络攻击往往相互协作，提升跨层次的协同防护能力成为抵御物理攻击的重要策略。通过在物理和网络层之间建立联动机制，能够在检测到潜在的物理威胁时及时采取措施，例如关闭相关网络端口或切断设备通信，避免攻击扩展到更大范围。

①网络与物理防护协同。在电力 CPS 中，物理层和网络层应共享安全信息。当网络层检测到来自外部的潜在攻击时，可以自动通知物理层采取相应防护措施，如关闭高危设备或启用备用设备。此外，当物理层检测到入侵时，也应通知网络安全系统，通过网络层的手段限制攻击者的活动范围。

②跨区域合作与情报共享。由于电力设施的广泛性和复杂性，电力公司应加强与其他企业、政府机构、情报部门的合作，共享潜在的安全威胁信息。通过跨行业合作，可以及时了解新的攻击模式，并调整自身的防护策略。例如，电力公司可以通过参与行业协会或国家电力安全机构的合作平台，分享物理攻击的情报与应对措施，提升整体防御能力。

（5）模拟演练与安全培训

定期进行物理攻击模拟演练和员工安全培训有助于提升电力公司在面对物理攻击时的应急处理能力。模拟演练不仅能够帮助测试和完善现有的应急响应计划，还能确保相关人员在突发事件发生时能够快速响应。

①物理攻击模拟演练。通过定期进行物理攻击的模拟演练，可以帮助电力公司发现安全系统中的潜在问题，并对应急计划进行调整。模拟演练应涵盖物理设备的破坏、应急电力供应的启动以及物理与网络攻击的协同应对等多个方面。

②员工安全意识培训。为员工提供关于物理攻击与网络攻击的安全培训，可以提高其对潜在威胁的警觉性，并增强其在危机情况下的应急处理能力。培训内容应包括如何识别和报告可疑活动、如何操作应急设备等。

物理攻击对电力 CPS 构成了严重的安全威胁，不仅可能造成设备损坏和电网中断，还可能通过连锁反应影响整个社会的正常运行。通过对物理攻击的建模与影响分析，电力公司可以更好地理解潜在的风险，并制定相应的防御和应急策略。

物理攻击的防御策略必须结合物理和网络层面的协同防护，采用多层次的物理安全措施和智能监控技术，确保在攻击发生时能够快速响应并恢复系统的正常运行。通过国际案例分析，电力公司可以从中汲取教训，进一步提升防护能力。通过这些案例可以看出，物理攻击对电力 CPS 的威胁极大，特别是当物理攻击与网络攻击协同作用时，防御难度更

高。因此，电力公司需要在安全策略中融合多层次的防护机制，确保应对未来可能的复杂攻击。

4.2　网络攻击的建模与评估方法

随着电力 CPS 的逐步数字化与智能化，网络攻击已经成为对其威胁的主要形式之一。电力 CPS 依赖复杂的通信网络来维持电力调度、实时监控、数据传输和设备控制。然而，随着系统的网络化，网络攻击的威胁也愈加严重。网络攻击可以通过远程方式控制或破坏系统，从而造成电网不稳定、数据泄露，甚至大规模停电。因此，准确地建模与评估网络攻击，对电力 CPS 的安全至关重要。

网络攻击的建模是通过构建攻击者行为模型、系统脆弱性模型及网络拓扑模型，模拟可能的攻击路径与方式，进而评估其对电力系统的潜在威胁。通过评估网络攻击的影响，可以帮助电力公司制定相应的防御和应急策略。接下来将详细探讨网络攻击的类型、建模方法、评估策略及防护技术。

4.2.1　网络攻击的类型

网络攻击的多样性使电力 CPS 面临多重威胁，常见的攻击方式包括：

（1）拒绝服务攻击（DoS/DDoS）

拒绝服务攻击（DoS）是指攻击者通过发送大量无效请求，使系统的网络资源被耗尽，无法处理正常请求，最终导致系统瘫痪。分布式拒绝服务攻击（DDoS）是 DoS 的升级版本，攻击者利用多个受控设备同时发起攻击，使目标系统的资源迅速枯竭。对于电力 CPS 而言，DDoS 攻击可能导致电力调度系统无法及时传输命令，导致电网运行失衡。

（2）恶意软件攻击

恶意软件（如病毒、蠕虫、木马）通过植入系统中的恶意代码来获取控制权、窃取数据或篡改设备操作。恶意软件通常通过网络入侵、邮件钓鱼、USB 感染等方式进入系统。对于电力 CPS，恶意软件可能会影响关键控制系统，甚至远程操控电力设备，导致不可预测的故障或设备失效。

（3）数据篡改与窃取

电力 CPS 中涉及大量的实时数据，如传感器数据、设备状态信息等。如果攻击者通过网络篡改这些数据，可能导致控制中心接收到错误的设备运行状态，进而作出错误决策，影响系统安全。数据窃取则会泄露电力公司的敏感信息，如用户用电数据或设备配置文件，进一步为攻击者发起后续攻击提供信息支持。

（4）网络钓鱼与社会工程攻击

攻击者通过伪造电子邮件、网站等手段，诱骗电力公司员工泄露登录凭证、密码或其他敏感信息。一旦攻击者获取了合法的访问权限，便可以以内部用户身份实施更深入的网络攻击，入侵关键系统或篡改设备控制数据。

（5）网络中断与通信劫持

电力 CPS 依赖稳定的通信网络进行数据传输和设备控制。攻击者可以通过劫持通信链路、篡改路由信息，或者直接中断网络连接来影响系统的正常运行。例如，攻击者可以截取和修改控制指令，影响电网的安全调度，或通过中断通信链路使关键设备失去控制。

4.2.2　网络攻击的建模方法

为了有效模拟和预测网络攻击对电力 CPS 的影响，学术界和工业界提出了多种建模方法。以下是几种主要的建模方法。

（1）攻击图（Attack Graphs）

攻击图是一种广泛应用于网络攻击建模的工具，它通过描绘攻击者可能采取的不同路径，展示攻击者如何利用系统漏洞逐步渗透网络并达到最终目标。每个节点代表系统中的一个状态或脆弱点，而连接节点的边表示攻击者可能采取的行动。通过分析攻击图，可以发现哪些路径最容易被攻击者利用，从而采取相应的防御措施。

在电力 CPS 中，攻击图可以帮助安全工程师识别关键节点或设备的脆弱性，了解攻击者如何通过多个步骤实现对系统的破坏。例如，攻击者可能通过钓鱼攻击获取管理员登录凭证，然后利用这一权限进一步入侵调度系统并篡改电网控制指令。

（2）攻击树（Attack Trees）

攻击树是一种用于分析复杂系统安全的模型，通过层次化的树状结构描述攻击者达到目标的可能路径。攻击树的根节点代表攻击者的最终目标（如控制变电站或中断输电线），而叶节点则表示攻击者可以利用的各种基本攻击手段（如社会工程、物理入侵或恶意软件感染）。

通过分析攻击树，电力公司可以了解攻击者可能利用的不同途径和手段，从而有针对性地部署防护措施。例如，攻击树可以揭示物理攻击和网络攻击如何结合，帮助设计多层次的防护体系。

（3）漏洞模型（Vulnerability Modeling）

漏洞模型通过识别和模拟电力 CPS 中的网络漏洞，分析攻击者如何利用这些漏洞进入系统并对其造成破坏。通常，漏洞模型基于对系统的脆弱性扫描工具，如 Nessus 等，来发现系统中的已知漏洞，并通过模拟攻击路径评估攻击成功的可能性和影响。

对于电力 CPS，漏洞模型可以帮助确定哪种类型的漏洞对系统威胁最大，以及这些漏洞如何影响电网的整体稳定性。例如，模型可以模拟攻击者如何利用未打补丁的通信协议漏洞，实施中间人攻击，控制关键设备的运行。

（4）博弈论模型（Game Theory Models）

博弈论模型适用于模拟攻击者与防御者之间的动态对抗行为。在博弈论框架下，攻击者和防御者被视为博弈双方，双方都有各自的策略集和目标。通过分析双方的策略和可能的收益，可以得出最佳防御策略，并预测攻击者的行为。

在电力 CPS 中，博弈论模型可以帮助安全团队预测攻击者的行为，并优化防御资源的分配。例如，通过分析攻击者如何选择目标，防御者可以将资源集中在最脆弱或最有价值的节点上，从而最大化防御效果。

4.2.3　网络攻击的评估方法

建模之后，评估网络攻击的影响是制定防御策略的关键环节。以下是几种常用的网络攻击评估方法：

（1）风险评估

风险评估方法基于攻击成功的可能性和其造成的影响来量化网络攻击的风险。通常，风险评估包括对系统脆弱性的分析、攻击路径的识别和后果的评估。通过风险评估，电力公司可以确定最容易遭受攻击的关键节点，并优先考虑这些节点的防护。

电力 CPS 的风险评估通常采用矩阵法或数值评分法，结合攻击者能力、系统脆弱性、攻击成功概率和后果严重性，计算整体风险水平。例如，变电站中的控制系统由于其高价值和高脆弱性，可能被评估为高风险目标。

（2）故障模式与影响分析（FMEA）

故障模式与影响分析（Failure Mode and Effects Analysis，FMEA）是一种用于分析系统中可能发生故障及其影响的方法。它可以应用于网络攻击评估，通过分析不同攻击方式的后果，识别系统中的关键弱点。FMEA 特别适合复杂的电力 CPS，因为该系统具有高度耦合性和多层次性，任何单一故障都可能引发连锁反应。

通过 FMEA，电力公司可以确定不同网络攻击对系统的潜在影响，并优先修复可能引发严重后果的脆弱点。例如，分析表明中断调度中心与变电站之间的通信可能导致大面积停电，因此应优先防护。

（3）模拟仿真

模拟仿真是网络攻击评估中最常用的方法之一。通过建立电力 CPS 的仿真模型，可以在虚拟环境中模拟各种网络攻击，并分析其对系统的影响。常见的仿真工具包括 NS-3、OMNeT++等，这些工具可以用于模拟不同网络拓扑、流量模式和攻击行为。

对于电力 CPS，模拟仿真可以帮助工程师了解网络攻击如何影响设备运行、数据传输以及电力负荷的调度。例如，可以通过仿真模拟 DDoS 攻击如何使调度中心无法发送负荷调度命令，从而使电调度不平衡，可能导致系统不稳定或甚至崩溃。仿真结果可以为电力公司制定防御策略提供直接参考。

（4）漏洞评分系统

常用的漏洞评分系统如 CVSS（Common Vulnerability Scoring System）可以为电力 CPS 中的每个网络漏洞进行量化评估。CVSS 基于多个维度评估漏洞的严重性，包括攻击复杂性、所需权限、用户交互需求等。电力公司可以通过对不同漏洞进行评分，识别出最严重、最紧急需要修补的漏洞。例如，如果某一网络协议的漏洞评分极高，且攻击复杂度较低，电力公司应当立即修补该漏洞，以防止攻击者轻易利用其发起攻击。

（5）红队/蓝队演练

红队/蓝队演练是网络安全防御中的一种常见实践，模拟攻击者（红队）与防御者（蓝队）之间的对抗。通过演练，电力公司可以在仿真环境中测试防御系统的有效性，并识别出潜在的薄弱点。这种演练不仅能够提升网络防御的实际能力，还可以增强团队的应急响应水平。

对于电力 CPS 来说，红队可能通过模拟真实的攻击行为，如钓鱼攻击、网络入侵和数据篡改，而蓝队则需要通过监控、检测和响应机制抵御这些攻击。演练结束后，双方会对攻击成功的路径、时间、效果进行分析，从而改进防御策略。

4.2.4　网络攻击的防御策略与优化

在对网络攻击进行建模与评估后，电力 CPS 的防御策略应基于已知的攻击路径和脆弱性，制定针对性的防护措施。以下是几种关键的防御策略。

（1）网络隔离与分层防护

电力 CPS 中的不同系统和设备应严格隔离，特别是关键设备和普通用户网络之间必须采用物理隔离或虚拟网络隔离技术。通过网络隔离，可以有效降低攻击者在突破外围防护后进入关键设备的可能性。例如，采用分层的网络安全架构，可以确保即使外部网络受到攻击，控制中心和关键设备的网络仍然安全。

电力公司应使用虚拟局域网（Virtual Local Area Network，VLAN）或软件定义网络（Software-Defined Networking，SDN）技术，将不同的电力系统功能模块划分为独立的逻辑网络段，限制攻击者横向移动的能力。

（2）数据加密与安全通信

数据加密是保护电力 CPS 中数据安全的关键措施之一。所有在电力 CPS 中传输的数据，特别是控制指令、设备状态和传感器数据，必须使用强加密技术（如 AES-256）进行加密处理。此外，通信协议必须经过安全验证，采用传输层安全（Transport Layer Security，TLS）或虚拟专用网络（VPN）来保护敏感数据免受中间人攻击和通信劫持。

例如，当调度中心向变电站发送调度指令时，必须确保指令在传输过程中是加密的，并且在接收端能够通过数字签名验证其完整性和真实性。

（3）入侵检测与防御系统（IDS/IPS）

入侵检测系统（IDS）和入侵防御系统（IPS）是监控和应对网络攻击的重要工具。IDS 能够实时监控网络流量，识别异常活动和攻击行为，并向系统管理员发送警报。IPS 则进一步具备自动响应的功能，可以在检测到攻击时立即采取防护措施，例如封锁攻击流量或隔离受感染的设备。

电力公司应在关键节点和设备中部署基于签名和基于行为的 IDS/IPS 系统，实时监控来自外部和内部的威胁，确保即使是复杂的网络攻击，也能被迅速检测并阻止。

（4）访问控制与多因素认证

为了防止未经授权的访问，电力公司应采用严格的访问控制策略和多因素认证机制。通过基于角色的访问控制（Role-Based Access Control，RBAC），电力 CPS 中的每个用户和设备只能访问与其工作职责相关的系统和数据，从而减少权限滥用的风险。

多因素认证（Multi-Factor Authentication，MFA）通过结合密码、智能卡、生物识别等多种验证方式，增加了攻击者获取访问权限的难度，即使攻击者通过社会工程或钓鱼攻击获得了密码，也很难通过额外的认证层进入系统。

（5）漏洞管理与补丁更新

及时修复系统中的已知漏洞是确保网络安全的基础措施。电力公司应采用自动化的漏洞管理系统，定期扫描电力 CPS 的网络设备、操作系统和应用软件，识别并修复可能被攻击者利用的漏洞。

对于已知高危漏洞，电力公司应尽快应用补丁并更新相关设备。同时，必须确保在应用补丁前，进行充分的测试，避免新补丁引入新的问题。

4.2.5　网络攻击建模与评估方法的智能化和自动化

随着电力 CPS 的不断发展，网络攻击的手段和复杂性也在不断演变。未来，网络攻击建模与评估方法将逐步融入更多的智能化、自动化元素，以应对日益复杂的网络安全威胁。

（1）人工智能与机器学习的应用

人工智能（AI）和机器学习（ML）技术将在未来的网络攻击建模与评估中扮演重要角色。通过 AI 技术，系统能够自主学习正常的网络行为模式，自动识别异常行为，并快速应对潜在的攻击。例如，AI 可以在大量的网络流量数据中识别出 DDoS 攻击的早期迹象，从而提前采取防御措施。

此外，机器学习可以帮助系统更好地分析攻击者的行为模式，通过大数据分析技术，预测未来可能的攻击路径和手段，从而提升网络防御的预见性。

（2）基于区块链的网络安全

区块链技术的分布式账本和不可篡改特性为网络安全提供了新的解决方案。未来，区块链可以用于电力 CPS 的身份认证、数据共享和事件追踪，确保系统中的每一次操作和访问记录都透明、可信且可追溯。例如，区块链可以用于保护调度指令的完整性，防止指令被篡改或伪造。

（3）零信任架构的应用

随着网络攻击手段的不断升级，传统的边界防护方式已经难以满足现代电力 CPS 的安全需求。零信任架构（Zero Trust Architecture，ZTA）强调"永不信任，始终验证"，要求系统中的每一个设备、用户和应用在每一次访问时都要经过严格的身份验证和权限检查。通过引入零信任架构，电力 CPS 可以更加有效地防范内部和外部的攻击威胁。

网络攻击对电力 CPS 构成了严重的安全威胁，特别是在电力系统高度依赖网络通信的背景下，网络攻击的破坏力变得更加显著。通过有效的网络攻击建模与评估方法，电力公司可以识别和预防潜在的攻击路径，制定有效的防御策略，并提升应急响应能力。

未来，随着 AI、区块链、零信任等新技术的应用，电力 CPS 的网络防护将更加智能化、自动化和灵活化。这些技术的结合将帮助电力公司更好地应对复杂的网络威胁，确保电力系统的持续稳定运行。

4.3　混合攻击建模与预防策略

在现代电力 CPS 中，混合攻击是一种复杂且危险的威胁，因其结合了多种攻击方式，跨越物理层和网络层，往往难以预测和防御。混合攻击通常通过利用系统的多重脆弱性，协调物理攻击与网络攻击，形成对电力 CPS 的多重打击，造成系统性风险。随着电力系统的复杂化，特别是在智能电网、分布式能源，以及物联网（IoT）技术广泛应用的背景下，混合攻击的威胁逐渐显现，给电力基础设施带来了极大的安全挑战。

本节将深入探讨混合攻击的定义、类型、建模方法以及其对电力 CPS 的威胁，并提出相应的预防策略，以确保电力系统的稳定和安全运行。

4.3.1 混合攻击的定义与类型

混合攻击（Hybrid Attacks）是指攻击者通过结合多种攻击手段，如物理攻击、网络攻击、社会工程攻击等，在多层次上对电力 CPS 发起的协调攻击。这类攻击不仅仅是单一层次的攻击，而是将多个攻击方式整合在一起，以同时或连续的方式对系统造成干扰和破坏。

混合攻击的具体表现形式包括：

①物理与网络协同攻击。攻击者首先通过物理手段破坏关键设备的安全防护，然后通过网络入侵系统，进一步扩大影响。例如，攻击者可以先破坏变电站的物理安全，随后利用该变电站失去防护的漏洞，进行网络攻击，关闭或控制设备。

②社会工程与网络攻击结合。攻击者可能首先通过社会工程手段获取内部员工的登录凭证，然后再利用这些凭证发起网络攻击。社会工程攻击降低了入侵的复杂性，而网络攻击则实现了对系统的进一步控制。

③高级持续性威胁（APT）与物理破坏。攻击者通过长期潜伏在网络系统中，逐步收集情报并建立后门，当系统处于脆弱状态时，协调物理攻击，如破坏关键设备或基础设施，以达到破坏系统的最终目标。

混合攻击的特征如下：

①多层次协调。混合攻击不仅在物理层和网络层之间进行协调，还涉及多种攻击工具和技术的配合。这种攻击手段多样化，难以通过单一防御措施检测和阻止。

②持续性和隐蔽性。混合攻击往往在系统中潜伏一段时间，攻击者逐步积累权限和信息，直到攻击时机成熟。混合攻击的周期较长，且行动隐蔽，通常在攻击发生前难以发现。

③广泛的影响范围。由于混合攻击利用了电力 CPS 系统的复杂性，其影响不仅限于单个设备或系统，往往会引发连锁反应，导致大范围的电力供应中断、设备损坏，甚至影响整个国家的电网安全。

4.3.2 混合攻击的建模方法

为了有效识别和分析混合攻击的威胁，电力 CPS 必须通过建模技术来模拟攻击者可能采取的路径和手段，并评估其对系统的潜在影响。以下是几种常见的混合攻击建模方法：

（1）攻击图

攻击图（Attack Graphs）通过展示攻击者可能采取的路径，分析其如何利用系统中的多重漏洞和脆弱性，实现物理和网络攻击的联合操作。攻击图的节点代表系统中的状态或攻击点，而路径则代表攻击者可能利用的漏洞或执行的步骤。通过攻击图，安全专家可以识别出多种攻击方式的联动模式，找到系统中的薄弱点。

在混合攻击建模中，攻击图不仅涵盖网络层的漏洞，还需要考虑物理层的设备安全。例如，攻击者可能通过攻击通信网络的某个弱点，间接控制物理设备。

（2）攻击树

攻击树（Attack Trees）是一种层次化的安全分析工具，通过树状结构描述攻击者可能采取的不同路径和策略。攻击树的根节点表示攻击者的目标（如控制电力调度系统或破坏变电站设备），而叶节点则表示攻击者可以利用的具体手段和步骤。

对于混合攻击建模，攻击树可以展示如何通过物理攻击和网络攻击的结合来实现最终的目标。例如，攻击者可以通过物理破坏设备的方式，削弱系统的安全防护，然后利用网络攻击对剩余设备进行远程控制。

（3）博弈论模型

博弈论模型通过模拟攻击者与防御者之间的对抗行为，帮助理解攻击和防御策略的最优选择。在博弈论的框架下，攻击者和防御者被视为两个博弈双方，攻击者试图找到最薄弱的路径进行攻击，而防御者则通过资源分配和策略选择，最大化地保护系统的安全。

在混合攻击的建模中，博弈论可以帮助电力公司优化防御资源的分配，优先保护关键节点或设备，并预测攻击者可能采取的下一步行动。

（4）动态故障模型

动态故障模型（Dynamic Fault Models）模拟了系统在受到混合攻击后可能发生的连锁故障。通过这一模型，安全专家可以分析物理攻击如何影响网络层的运行，反之亦然。例如，某些关键设备被物理破坏后，其余设备可能过载运行，导致系统整体失效。

动态故障模型特别适合用于电力 CPS 中，因为电力系统中的各个部分高度依赖且互联，一个节点的失效可能导致其他部分发生连锁反应。

4.3.3　混合攻击的评估方法

混合攻击的评估方法如下。

（1）风险评估

风险评估方法通过结合攻击者的能力、系统脆弱性和攻击成功的可能性，量化混合攻击对电力 CPS 的风险。这一方法有助于确定哪些系统节点最容易遭受混合攻击，以及哪些防御措施最具有效性。

在混合攻击的背景下，风险评估应涵盖多个层次，包括物理层和网络层的风险，以及跨层次的联动效应。例如，风险评估可以揭示变电站的物理设施和其通信网络的联动脆弱性，从而帮助电力公司优先部署安全资源。

（2）模拟与仿真

模拟和仿真技术在混合攻击评估中发挥了重要作用。通过建立电力 CPS 的仿真模型，安全专家可以模拟不同类型的混合攻击场景，观察攻击如何在物理层和网络层之间传播，并分析其对整个系统的影响。

通过仿真，电力公司可以测试不同的防御策略，并评估其有效性。例如，仿真可以帮助测试网络隔离策略是否能在物理攻击发生后有效防止攻击扩展到网络层。

（3）安全事件响应分析

安全事件响应分析方法通过分析系统在混合攻击发生后的响应时间、恢复速度以及防御效果，评估系统的弹性和韧性。该方法特别适用于混合攻击后期的评估，帮助电力公司了解在攻击后如何快速恢复系统的正常运行。

4.3.4 混合攻击的预防策略

为了应对复杂的混合攻击，电力公司需要制定一套全面的预防策略，涵盖物理层和网络层的防御措施，并确保跨层次防护的协同效应。以下是几种关键的预防策略。

（1）多层次安全防护

多层次安全防护（Defense-in-Depth）是应对混合攻击的核心策略。通过在系统的各个层次部署多种防护措施，可以有效地分散攻击者的攻击路径，降低系统被完全入侵的可能性。电力公司应在物理层、网络层、数据层和应用层分别部署安全防护系统，并确保这些防护系统之间的协同。

例如，在变电站内部，物理安全防护包括加强围栏、视频监控和入侵检测系统，而在网络层则部署防火墙、入侵检测系统（IDS）和基于行为的入侵防御系统（IPS）。跨层次防护应确保物理攻击和网络攻击无法互相影响，从而削弱攻击者的整体能力。

（2）网络隔离与细粒度访问控制

网络隔离是防止混合攻击蔓延的关键措施之一。电力 CPS 中的关键设备和控制网络应与普通办公网络或外部网络严格隔离。采用虚拟局域网和细粒度访问控制是阻止混合攻击在系统内扩散的有效策略。通过网络隔离，电力公司可以将不同的系统和设备隔离在不同的逻辑网络段中，确保物理攻击不会通过网络层扩展到其他设备。例如，虚拟局域网（VLAN）和软件定义网络（SDN）技术可以帮助构建细粒度的网络隔离架构，确保即使某个子系统被攻破，攻击者也无法轻易进入其他系统。

同时，细粒度的访问控制策略通过精确限定用户和设备的权限，有效防止攻击者获取过多权限。电力 CPS 应采用基于角色的访问控制（RBAC）系统，确保每个用户只能访问与其职责相关的系统部分。对于关键操作和敏感数据，还应启用多因素认证（MFA）和额外的审批机制，以防止未经授权的操作。

（3）实时监控与行为分析

为了及时识别并阻止混合攻击，电力公司需要部署智能的实时监控系统。现代的入侵检测系统（IDS）和入侵防御系统（IPS）通过分析网络流量和设备行为，可以识别出潜在的攻击行为，并在攻击发生时及时发出警报。

行为分析（Behavioral Analytics）系统利用机器学习技术，通过学习系统中正常操作行为的模式，自动检测出异常行为。例如，如果一个控制系统的设备突然发出异常的控制指令或与未知的网络设备通信，行为分析系统能够迅速识别这种异常，启动安全防护机制。

这些系统不仅能检测常规的网络攻击，还能识别混合攻击中的异常行为模式。例如，在物理攻击破坏关键设备后，系统中的通信或数据流量可能出现异常增多或减少，行为分析系统能够识别这些信号，并采取进一步的防护措施。

（4）自动化应急响应与恢复

当混合攻击导致系统遭受破坏时，快速恢复系统至关重要。自动化应急响应系统可以帮助电力公司在检测到混合攻击后迅速采取行动，如隔离受感染的系统、切换至备用设备或启用应急电源。

自动化恢复系统（Self-Healing Systems）利用冗余设计、数据备份和自动故障修复机制，在设备或系统受攻击后，自动恢复其运行状态。例如，在物理攻击导致变电站设备损坏后，自动化恢复系统可以自动切换至备用设备，并恢复关键功能，避免电力供应长时间中断。

这些系统不仅可以降低混合攻击的影响，还能够提高电力 CPS 的整体弹性，使系统在面对复杂攻击时具备更强的抗打击能力。

（5）物理与网络防护协同机制

混合攻击的特性决定了物理防护与网络防护的协同至关重要。电力 CPS 中的物理防护（如入侵检测系统、视频监控等）与网络层的安全防护（如防火墙、IDS/IPS）应当紧密集成，形成多层次的防护体系。

这种协同机制可以确保当物理攻击发生时，系统能够通过网络层的安全机制迅速响应。例如，当物理安全系统检测到入侵行为时，网络防护系统可以自动隔离相应设备，避免攻击者利用物理破坏获得的漏洞进一步入侵网络。同时，网络防护系统检测到的可疑行为（如未经授权的远程登录尝试）也应及时通知物理防护团队，避免攻击者通过网络突破物理安全防护。

混合攻击作为电力 CPS 中最复杂和危险的攻击方式之一，具有多层次、跨领域和协调性强的特点。通过对混合攻击的建模，电力公司可以更好地理解攻击者可能采取的路径和手段，并通过风险评估和模拟仿真，提前识别系统中的薄弱环节。

在面对混合攻击时，多层次的安全防护策略显得尤为重要。通过结合物理防护与网络防护、实时监控与行为分析、自动化应急响应与恢复，电力 CPS 能够在复杂的攻击环境中保持韧性和弹性。此外，通过对国际案例的分析，电力公司可以从过往事件中汲取教训，进一步完善其安全防护体系。

未来，随着攻击手段的不断演变，电力公司需要持续更新其防护策略，结合新兴技术如人工智能、区块链和自动化恢复系统，构建更加智能、灵活的防御体系，以应对不断变化的混合攻击威胁。

4.4　攻击检测技术与有效预防措施

随着电力 CPS 的日益复杂化和联网化，攻击检测技术与有效的预防措施成为确保其安全性的关键环节。攻击检测技术通过实时监控、分析系统活动，发现潜在的攻击行为，为防御体系提供预警。而有效的预防措施则是在检测到异常活动后迅速采取响应行动，防止系统遭受更严重的破坏。电力 CPS 作为国家重要基础设施，其复杂的架构使其面对多样化的攻击手段，包括网络攻击、物理破坏、混合攻击等。因此，了解并掌握先进的攻击检测技术和预防策略，对于保障系统安全具有重要的现实意义。

本节将详细探讨电力 CPS 中的攻击检测技术，以及与其配套的预防策略。本节的内容包括攻击检测技术的基本原理、主流攻击检测技术、攻击检测系统的组成与架构，及其应用场景和效能评估，同时探讨如何在实际操作中通过技术手段进行有效的预防和响应。

4.4.1　攻击检测技术的基本原理

攻击检测技术（Intrusion Detection Technologies）是通过监控和分析网络流量、系统行为和设备活动，检测电力 CPS 中潜在的攻击行为或异常现象。它的基本原理是建立一个"正常行为模型"，当系统的行为偏离这个模型时，检测系统便会发出警报。

检测技术可以分为基于签名的检测和基于行为的检测两大类。

（1）基于签名的检测（Signature-based Detection）

这种方法基于已知的攻击模式，通过匹配预定义的攻击签名来检测系统中的攻击行为。例如，某些恶意软件的特征或攻击流量的模式可以被事先编入签名库，当系统检测到与这些签名匹配的流量时，便会发出警报。这种方法具有较高的准确性，尤其在应对已知威胁时效果显著，但对未知攻击的检测能力有限。

（2）基于行为的检测（Anomaly-based Detection）

这种方法通过分析系统的正常运行模式（如流量模式、设备行为），识别偏离正常模式的异常活动。这种检测方式能够发现未知的攻击，因为它不依赖预定义的攻击签名。然而，其检测结果可能包含较高的误报率，因为系统运行中的合法异常行为（如负载变化、设备升级等）也可能触发警报。

4.4.2　主流攻击检测技术

为了更好地理解这些攻击检测技术的实际应用和效能，表 4-2 详细介绍了四种主流的攻击检测技术及其优缺点。

表 4-2　四种主流的攻击检测技术及其优缺点

名称	简介	优点	缺点
网络入侵检测系统（Network Intrusion Detection Systems，NIDS）	NIDS 是攻击检测技术中应用最为广泛的一类系统，主要用于监控网络流量，识别网络层面的异常活动。它通过对数据包的捕获与分析，识别潜在的攻击行为。NIDS 通常采用深度包检测（Deep Packet Inspection，DPI）技术，可以识别常见的网络攻击模式，如拒绝服务攻击（DoS）、端口扫描、网络扫描、SQL 注入等	NIDS 能够实时监控大量网络流量，适合电力 CPS 中庞大的通信网络环境	面对加密流量时，NIDS 的检测能力有所限制。此外，对于物理层的攻击或内网的恶意行为，NIDS 检测效果有限
主机入侵检测系统（Host-based Intrusion Detection Systems，HIDS）	HIDS 是另一种常见的检测系统，主要用于监控单一设备或主机的操作系统、应用程序和日志活动。HIDS 通过分析主机上的系统日志、进程活动、文件完整性等信息，识别潜在的威胁	HIDS 适用于对电力 CPS 中的关键服务器、控制设备等进行细粒度的检测，能够捕捉到系统内核层级的异常行为	HIDS 通常只监控单个主机，无法提供全网视角，因此更适合作为 NIDS 的补充，而非独立的检测手段

名称	简介	优点	缺点
基于流量异常的检测技术	流量异常检测通过对网络流量的统计分析，发现异常的流量模式。该技术通过对正常流量建立基线，当检测到异常的流量激增或其他异常流量模式时，系统会发出警报。这种方法通常用于检测分布式拒绝服务（DDoS）攻击，或识别不符合正常流量模式的攻击行为	流量异常检测技术适合电力 CPS 中对大规模流量的实时监控，特别是在处理高容量数据传输时	此技术对低频率或隐蔽性较高的攻击行为（如慢速扫描或低带宽攻击）的检测能力较弱
基于机器学习的攻击检测	随着电力 CPS 攻击形式的复杂化，传统的检测手段已难以全面应对。因此，基于机器学习的检测技术开始广泛应用。机器学习模型可以通过学习系统的正常行为模式，识别出异常活动。特别是在面对未知威胁时，机器学习技术具有显著的优势	通过对大数据进行分析和训练，机器学习模型能够适应不断变化的攻击模式，并提升检测的准确性。它还能够识别复杂的、低频率的攻击行为	机器学习模型需要大量的数据进行训练，模型的构建与维护复杂，且在处理高度加密的通信流量时效果有限

4.4.3 攻击检测系统的组成与架构

现代的攻击检测系统通常由以下四个模块组成。

（1）数据采集模块

数据采集模块负责从电力 CPS 的各个层面收集数据，包括网络流量、设备日志、操作系统活动等。采集的数据为后续的分析与检测提供了基础。此模块通常通过分布式传感器网络进行数据采集，以确保覆盖电力系统中的每个重要环节。

（2）数据分析模块

数据分析模块是整个检测系统的核心，它基于采集到的数据进行实时分析。数据分析可以通过规则引擎、机器学习模型或异常检测算法来实现。该模块根据系统的预设规则或学习到的正常行为模式，识别出可能的攻击行为，并生成警报。

（3）报警与响应模块

报警与响应模块负责在检测到攻击行为后，及时发出警报，并根据预设的响应策略采取行动。例如，系统可以在检测到拒绝服务攻击时，自动阻断相关流量或切换至备用网络。此外，报警信息会通过日志记录系统保存，便于后续的事件分析和取证。

（4）事件管理与取证模块

事件管理与取证模块负责将所有检测到的安全事件进行归档和管理。通过对历史事件的分析，电力公司可以优化检测规则，提升检测系统的整体效能。同时，该模块还为网络安全事件的法律取证提供了基础数据。

4.4.4 混合攻击的有效预防措施

为了有效应对电力 CPS 中日益复杂的混合攻击，接下来将介绍几种关键的防御措施，这些措施结合了技术手段和管理策略，能够大幅提升系统的整体安全性。

（1）网络隔离与分层防护

网络隔离是电力 CPS 中最基本且有效的防御策略之一。通过将不同系统和功能模块隔离在不同的网络段中，可以降低攻击者在突破一个系统后向其他系统横向移动的能力。分层防护则通过在不同层级部署多层次的防护措施，进一步提升系统的安全性。

例如，电力 CPS 的控制网络应与管理网络、业务网络物理隔离，同时在每个网络层级之间设置防火墙、IDS/IPS 等防护设备，确保系统的纵深防御能力。

（2）多因素认证与权限管理

多因素认证（Multi-Factor Authentication，MFA）通过结合多个认证要素（如密码、智能卡、生物识别等），有效降低了攻击者通过获取登录凭证入侵系统的可能性。与此同时，严格的权限管理（Role-Based Access Control，RBAC）通过为每个用户和设备分配最小权限，避免权限滥用的风险。

特别是对于电力 CPS 中的关键控制设备，所有的访问请求都应经过严格的身份验证和多层次的安全审查，以确保只有经过授权的人员能够对关键系统进行操作。

（3）安全补丁管理与漏洞修复

漏洞是攻击者入侵电力 CPS 的重要途径，因此及时修复系统中的已知漏洞至关重要。电力公司应当建立自动化的补丁管理系统，定期对所有设备进行安全漏洞扫描，确保所有关键设备都能及时应用最新的安全补丁。

此外，电力 CPS 中的所有网络协议、操作系统、应用软件都应进行定期安全更新，以防止攻击者利用已知的漏洞发起攻击。

（4）安全事件响应与演练

为了在攻击发生时能够快速响应，电力公司应建立完善的安全事件响应机制和定期演练计划。安全事件响应计划应包括详细的步骤，用于在检测到攻击后立即采取行动，如隔离受感染的设备、阻断恶意流量、启动备用系统等。通过定期的模拟演练，系统可以确保在实际攻击发生时，团队能够快速作出反应，最大程度减少损失。

例如，红队（攻击者）和蓝队（防御者）模拟演练是一种常见的安全实践，通过模拟攻击与防御，电力公司可以测试其防御体系的有效性，并找到可能的薄弱点。这种演练不仅能提升检测系统的实战效果，还可以提高团队的应急响应能力。

（5）安全监控与实时响应

安全监控是电力 CPS 持续性防护的基础。通过部署基于行为分析、流量监控和日志分析的实时监控系统，电力公司能够迅速发现和响应潜在的攻击行为。现代化的监控系统通常采用人工智能（AI）和机器学习技术，能够通过学习系统的正常行为模式，自动识别异常活动。

实时响应系统在监测到异常行为或攻击时，可以立即采取措施，如阻断可疑流量、启动应急电源或隔离受感染的系统。通过智能化的安全监控与实时响应机制，电力公司可以

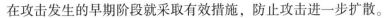

在攻击发生的早期阶段就采取有效措施，防止攻击进一步扩散。

（6）供应链安全管理

电力 CPS 的安全不仅仅依赖于自身的防护措施，还包括对供应链的安全管理。供应链中的软件和硬件设备可能存在未修复的漏洞或被植入恶意软件的风险。因此，电力公司应加强对供应商的安全审核，确保所采购的设备和软件符合严格的安全标准。

同时，定期进行供应链的安全评估，可以帮助识别可能存在的潜在威胁，并确保所有外部设备和软件在接入电力 CPS 之前经过充分的安全检测。

电力 CPS 作为国家关键基础设施，面临着复杂多样的攻击威胁。通过先进的攻击检测技术和多层次的防护措施，电力公司可以有效保护系统免受外部和内部的攻击。基于签名的检测和基于行为的检测共同构成了电力 CPS 攻击检测的核心手段，而网络隔离、多因素认证、漏洞修复、自动化响应等防护策略则确保了系统在攻击发生时能够迅速作出响应并恢复。

未来，随着人工智能、区块链和零信任架构等新兴技术的发展，电力 CPS 的攻击检测和防护能力将得到进一步提升。通过智能化、自动化的防御体系，电力公司将能够更好地应对复杂的攻击威胁，保障电力系统的安全稳定运行。

通过对电力 CPS 中各类攻击的深入分析，我们认识到，不同类型的攻击对系统的安全性构成了显著威胁。针对这些攻击的建模工作不仅帮助我们理解攻击的机制和潜在影响，还为后续的电力 CPS 建模奠定了坚实的基础。在本章中，我们探讨了物理攻击、网络攻击以及物理-网络协同攻击的多样性和复杂性，这些信息为系统建模提供了重要的情境数据。

在进行电力 CPS 建模时，考虑到攻击模型的输出，可以更好地识别系统中的脆弱环节，并制定针对性的防御策略。例如，通过分析攻击对电力传输和分配的影响，我们能够确定关键节点和链路，这些节点在模型中需要特别关注。此外，建模结果能够揭示在特定负载条件和故障情况下，系统可能遭受的攻击模式。这种深入的理解将有助于在建模过程中纳入更有效的防护机制。

本章的研究成果为后续对电力 CPS 的建模提供了重要的理论依据和实践指导，使我们能够在设计和实施系统时，更加全面地考虑安全性，从而提升电力系统的可靠性与韧性。

第5章 基于直流潮流模型的电力 CPS 建模技术

通过对电力 CPS 中各类攻击的建模与分析，我们能够识别出潜在的安全风险和系统脆弱性。然而，了解攻击的性质和影响只是保护系统的第一步。我们需要借助有效的建模技术，深入探讨如何在电力 CPS 中建立综合的安全防护机制。接下来，本章将聚焦于基于直流潮流模型的建模技术，分析如何通过精确的建模来优化电网的运行效率和安全性，进而提升对攻击的防御能力。这一建模过程不仅涵盖了物理和信息过程的相互作用，还为应对复杂的网络环境提供了重要的技术支持。

智能电网作为当今规模最大、最复杂的互联系统之一，是信息物理系统研究的重要领域。针对电力 CPS 的建模，目标是全面反映电网运行中的物理和信息过程，揭示它们之间的相互作用机理。通过增加对更多节点的监控，可以为调度决策提供有力支持，进而优化系统整体性能，提升能源利用效率、设备的潜能，以及系统的可靠性和安全性。

根据电力系统的运行特点，目前研究中提出的创建电力 CPS 模型的方法主要有基于复杂网络理论的建模方法、基于电力网潮流模型的建模方法和基于系统状态方程的建模方法。复杂网络建模方法[56-67]虽然关注系统的拓扑结构，但将通信过程简化为节点间的连线，忽视了电气特性和通信传输的物理含义，导致与实际系统特性存在显著偏差。而基于电力网状态方程的建模方法[68-76]，主要用于分析系统受到扰动或负荷变化时的频率波动和母线电压变化，通常应用于自动发电控制、同步相量测量[77]和广域监控系统[78,79]，无法有效描述系统节点解列或线路开路时的系统规模变化及连锁故障过程。相较之下，基于电力网潮流模型的建模方法着眼于系统在正常或故障条件下的功率潮流分布，通过潮流计算识别系统中是否存在过载现象。这种模型特别适合分析系统在连锁故障和网络拓扑变化下的脆弱性[80-88]。因此，基于电力网潮流模型的建模方法，在研究电力 CPS 的建模技术时，对于深入探讨系统在网络攻击环境下的风险传播机制和脆弱性评估，具有重要意义。

交流潮流方程是一组非线性方程，描述节点功率关系，计算复杂度较高；相较之下，直流潮流方程是一种线性化简方法，因其计算速度快、模型参数少、计算复杂度低、无收敛性问题[89]，且便于处理线路开断情况，被广泛应用于电力系统的安全校核[8]、经济调度[90]和脆弱性分析[82-87]。因此，本章将基于直流潮流方程，结合通信传输过程，探讨电力 CPS 的建模技术。

基于信息物理融合的理念，本章首先介绍了考虑通信传输因素的电力 CPS 双层模型框架，将建模过程分为电力网、电力信息网及通信信道三大部分；其次，阐述了如何针对电力 CPS 中的两种主要信息-物理关联形式，即监测功能和控制功能，构建上行/下行通信信道模型，以实现电力网与电力信息网的有效关联；最后，介绍创建基于直流潮流方程的电力系统模型方程的方法。

5.1　电力 CPS 建模技术研究现状

在电力信息网与电力网的融合过程中,传统电力系统模型主要用于表征电力网的运行特性,无法有效解决信息传递中所带来的新问题,而系统的建模与机制研究为深入理解该领域提供了重要基础。在此背景下,学者们从不同的理论和方法出发,提出了多种电力CPS 的建模技术。这些方法不仅关注电力网的物理特性,还将信息传递与系统动态行为相结合,形成了多样化的建模框架。接下来,将重点介绍三种典型的建模方法。

1. 基于复杂网络理论的建模方法

复杂网络理论的核心思想是通过点与边的集合构建网络模型,从而抽象并研究复杂系统的拓扑结构对其特性和动力学行为的影响[91]。在电力系统建模中,常用的复杂网络模型包括随机网络模型[92]、小世界网络模型[93] 和无标度网络模型[94]。

2010 年,Buldyrev S V 等学者首次利用复杂网络理论为电力 CPS 构建了结构模型[95],将电力网与电力信息网分别抽象为随机网络模型,并假设信息网与电力网节点之间存在一一对应的融合关系,具体表现为一个网络中某个节点的故障会导致与之连接的另一网络中的相关节点出现故障。基于这一研究框架,国内外学者对该模型进行了进一步的扩展和调整。

Huang X 等学者将电力 CPS 的模型扩展为两个无标度网络的融合模型[57],并证明系统连锁故障的传播机制符合一阶渗流相变理论。Parshani R 等人则探讨了自由节点存在时,互联系统模型对连锁故障传播特征的影响[58],其中自由节点是指那些仅与本网络中的节点相连接,而与另一网络节点无连接的节点。这些自由节点可视作电力 CPS 中的备用电源或受保护的发电机。

Shao J 等学者提出了信息网节点和电力网节点之间一对多融合关系的建模方法[59],即多个电力网节点与单一信息网节点相依存,只有当所有与该信息网节点相连的电力网节点发生故障时,信息网节点才会受到影响。研究表明,这种多对一的互联方式能够增强系统的鲁棒性。

Hu Y 等学者进一步扩展了信息网与电力网节点之间的融合关系,将其分为相互依存和相互连接两种形式[60]。其中,相互连接的关系类似于通信理论中的路由概念,信息可以通过路由节点从信息网传递至电力网。

Buldyrev S V 与 Yagan O 等学者研究了考虑节点度的电力 CPS 建模方法[61,62],提出提高节点度可以增强系统的抗故障能力。Li W 等学者在建模过程中引入了权重来考虑两个网络中节点间的距离[63],用于模拟通信传输中的延迟对系统鲁棒性的影响。Kornbluth Y 等人提出的复杂网络模型综合考虑了节点度和节点间距离的特点[64],并证明了中心节点(节点度较大)的故障或通信延迟加大将加剧系统的连锁故障。Huang Z 等学者提出了在离散控制架构下的电力 CPS 复杂网络模型[65],其中信息网被划分为多个子网络,与电力网的节点相互连接。Gao J 等学者则在文献[66] 中提出了基于分布式控制架构的系统模型,信息子网之间存在相互连接关系;并在文献[67] 中,采用复杂网络模型描述了基于广域电力网分区的电力 CPS,考虑了电力网区域间的联络线和信息子网之间的通信过程。

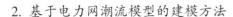

2. 基于电力网潮流模型的建模方法

潮流计算是电力系统稳态分析中常用的一种技术，主要用于描述系统在正常运行和故障条件下的稳态表现。其核心目标是计算在特定运行条件下，各节点电压和功率的分布情况，以确保系统元件不过负荷、节点电压符合要求、功率分配合理，并评估功率损耗等问题[96]。潮流计算能够有效表征电力网在拓扑结构变化时的稳态响应，其本质依据是基尔霍夫电压、电流定律，因此，基于潮流计算的电力 CPS 建模方法应运而生。

Parandehgheibi M 等学者提出了一种基于直流潮流模型的电力 CPS 模型[80]，创新性地将电力网与信息网的节点关系加以区分：电力网节点与信息网节点之间的关系为供电关系，即当电力网节点发生故障时，依赖该节点供电的信息网节点将立即受影响并发生故障；而信息网节点对电力网节点的影响则为控制关系，即信息网节点的故障不会立即导致电力网节点的故障，但会妨碍电力网节点功率的调整。

赵俊华等学者提出了一个电力系统与电力信息系统统一建模的方法框架[81]。受到电力网稳态模型的启发，他们引入了适用于信息系统的节点信息流量平衡方程，并设定了节点最大信息流量约束和通信信道的最大信息流量约束。

郭庆来等学者借鉴了电力系统中"外网等值"的思想，构建了电力 CPS 的融合建模方法[82]。他们通过将电力系统和信息系统中的状态量统一抽象为数据节点，并将信息处理与传输等环节抽象为信息支路，进而建立了节点–支路关联特性矩阵，形成了一个信息与能力流混合模型。

张宇栋等学者提出了一种基于直流潮流的复杂网络模型[83,84]，他们利用无标度网络生成电力信息网，并在该模型中研究了电力信息网节点发生延时或丢包事故时，如何引发系统连锁故障的传播过程。该模型通过对 IEEE 39 节点系统的仿真验证了其有效性。

曹一家、王先培等学者基于直流潮流模型，提出了一种更贴近电力系统实际运行的电力 CPS 模型[85,86]，并将电力网与信息网的融合关系定义为有功功率调整和继电保护动作。他们的研究发现，信息网的引入会增加电力系统的脆弱性，但通过优化信息网的路由策略，可以有效减少电力系统连锁故障的发生概率。

董政呈等学者基于电力网直流潮流模型[87]，考虑到通信网在调度中的作用，提出了一种电力与通信网络的概率失效模型。该模型设定了两种耦合关系：一对一耦合和多对多耦合。研究表明，通过调整耦合方式和增强耦合强度，可以在考虑成本和约束条件的基础上提高系统的鲁棒性。

3. 基于系统状态方程的建模方法

许多学者从系统功能模块的角度出发，对电力 CPS 的框架结构进行了深入探讨[10,97-101]。在这些研究中，信息网通常被定义为对电力网进行监控和控制的核心系统，SCADA 系统被认为是电力信息网功能的典型代表[102-107]。因此，电力 CPS 的建模及其关联关系研究逐渐转向基于发电机转子和相角的微分状态方程，以构建控制器，从而实现对系统安全稳定控制或经济运行的要求。

Wei J 等学者提出了一种基于分布式架构的电力 CPS 建模方法[68,69]，在该方法中，电力网的动态由发电机节点的微分方程描述，而信息网则通过多智能体集群控制算法来实现系统的暂态稳定性。

Farraj A 等学者提出了一种基于多智能的电力 CPS 通用模型[98]，该模型通过引入参数反馈线性化的延迟-可恢复控制算法，解决了信息网在信息传输过程中出现的延迟和丢包问题，并有效增强了系统的暂态稳定性。

Mary T J 和 Ye H 等学者通过将发电机、调速器、励磁器、稳压器以及交流输电系统的动力学模型进行关联，建立了电力 CPS 的时滞闭环动态模型，用于分析系统在通信延迟存在情况下的稳定性[70,71]。

马爽等学者采用集合论的方法进行建模[72]，在该模型中，电力网的动态由基于发电机节点的微分方程来描述，以确定电网中各节点电流和电压的关系；同时，信息网则从调度控制角度出发，通过输入、输出和状态三个方面与电力网进行逻辑耦合。

Nezamoddini N 等学者建立了一个混合整数线性规划模型[73]，该模型考虑了信息网对电力网的有功功率控制作用，并通过最小化功率调整成本来研究系统拓扑结构和稳定性之间的关系。

郭嘉等学者提出了一个基于信息系统监测和控制功能的电力 CPS 功能失效模型[74]，该模型研究了不同功能失效对电力 CPS 稳定性的影响及其表征方式。

Susuki Y 等学者基于电力系统的动态特性以及信息事件的离散行为，建立了混合系统模型[75]，并研究了在扰动下系统的稳定极限和安全阈值的估计问题。

Singh A K 等学者提出了一种混合系统模型，用于分析电力 CPS 的稳定性[76]。该模型将电力系统的测量值通过通信节点进行采样离散，并基于卡尔曼滤波和线性二次型控制器生成离散控制信号。然后，控制信号通过零阶保持器转化为模拟信号，最终传递给执行器，而通信的传输速率则近似为伯努利分布。

5.2　电力 CPS 框架设计

当前，电力信息网的拓扑结构没有固定形态，通常根据电网一次设备的地理位置进行布设。电力信息网与电力系统之间采用层级互联方式，即通过安装在电力一次设备上的二次设备（如传感器）向从站传输数据。从站将数据收集并汇总后，与该层的调度中心进行通信，上传终端数据或下载控制信号[8]。图 5-1 所示为电力 CPS 的三层体系结构示意图。在考虑通信传输过程的基础上，图中将系统划分为感知执行层、数据传输层和应用控制层三个层级。感知执行层处于电力网的物理层面，主要负责电能的生产、传输和分配等基本过程；数据传输层和应用控制层则属于电力信息网的网络层面。二者的主要区别在于，数据传输层主要负责采集电力网的运行状态数据，并传输控制中心的事件决策指令；而应用控制层作为电力信息网的核心中枢节点（即控制中心），从业务和服务角度可分为生产控制和管理信息两大类[108]，全面负责电网各环节和各节点的信息监测、状态估计、自动化调控及其他管理业务。

借鉴图论思想，首先，根据电力 CPS 的主要设备及其连接关系，分别抽象出电力信息网拓扑图和电力网拓扑图；其次，依据通信数据传输的对应关系，确定两层网络之间节点的互联关系，如图 5-2 所示。

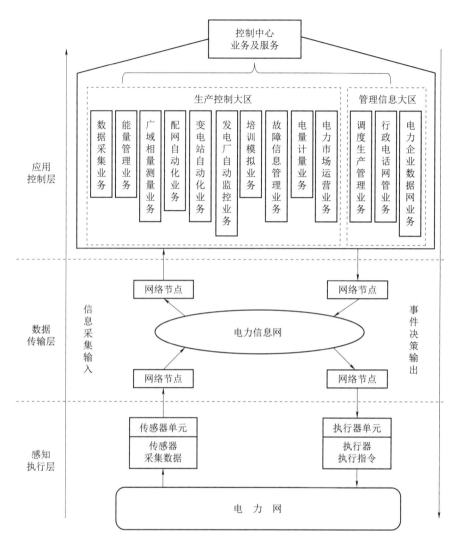

图 5-1　电力 CPS 的三层体系结构示意图

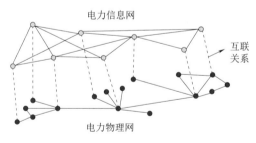

图 5-2　电力 CPS 建模

　　基于电力"信息-物理"系统的分层结构，并结合电力系统调度自动化的主要设备和控制环节，电力物理网层面由典型的电力一次设备组成，包括发电机、变压器、负荷、断路器等，负责表征电能的生产、传输和配用过程；电力信息网层面主要由电厂、站 RTU 及调度中心的 SCADA 子系统组成，主要功能是收集和交换全系统的运行数据信息，并监测系统运行状态，以支持调度中心对电力系统的全局控制。

考虑一个信息化程度较高的电力 CPS。每个电力终端节点均配置有传感器和执行器（控制器），且都具有唯一的从站通信节点与控制中心通信。因此，电力 CPS 模型框架可以表示为：定义电力网拓扑为 $G_P = (V_P, E_P)$，其中 V_P，E_P 分别为系统的节点和支路集合；定义电力系统中的节点类型 $V_P = \left\{ V_P^G, V_P^L, V_P^S, V_P^B \right\}$，包括发电机节点、负荷节点、变压器节点和断路器节点；定义每条支路上均装有支路断路器，则有 $|E_P| = |V_P^B|$。电力系统节点和支路的特征量包括电压、电流、功率、阻抗、相角等，满足基尔霍夫电流定律（即流出或流入任意节点的各支路电流的代数和为零，数学表示为 $\sum I = 0$）和基尔霍夫电压定律（即任一闭合回路中各支路电压的代数和为零，数学表示为 $\sum U = 0$）。

定义电力信息网拓扑为 $G_C = (V_C, E_C)$，其中 V_C，E_C 分别为系统的节点和连接边集合；定义电力信息网中的节点类型 $V_C = \left\{ V_C^S, V_C^A, V_C^T, V_C^C \right\}$，包括传感节点、执行器节点、从站通信节点和控制中心节点。电力信息网节点和连接边的特征量包括信道带宽、通信延迟、数据包丢失率等，且均满足相关通信协议约束。

定义电力信息网与电力系统间的通信信道类型为 $G_T = \left\{ D_{up}, D_{down} \right\}$，其中 D_{up} 为上行通信信道，传输方向为 $V_P \rightarrow V_C^S \rightarrow V_C^T \rightarrow V_C^C$；$D_{down}$ 为下行通信信道，传输方向为 $V_C^C \rightarrow V_C^T \rightarrow V_C^A \rightarrow V_P$。

基于图 5-1 的三层体系架构，电力 CPS 的双层模型框架示意图如图 5-3 所示。在图 5-3（a）中，电网 $P_{(k)}$ 层为一个包含 10 节点-5 输电线的区域电力系统，信息网层 $C_{(k)}$ 为与 $P_{(k)}$ 节点一一对应的 10 从站通信节点-1 调度节点的区域调度中心。层间有单向箭头虚线为上行 D_{up} 和下行 D_{down} 通信信道，支持远动通信协议（IEC 61870-5）。$C_{(k)}$ 层内双向箭头实线为站内数据传输信道，支持变电站数据通信协议（IEC 61850）和计算机数据通信协议（IEC 61870-6）。$P_{(k)}$ 层内实线为输配线路，节点间状态关系满足基尔霍夫电压、电流定律。图 5-3（b）所示为大区域互联的电力 CPS 模型框架示意图，各区域电力系统 $P_{(k)}$ 通过省间输电线相连，全网间潮流满足基尔霍夫定律；各区域信息网 $C_{(k)}$ 间采用高带宽、高可靠性的光纤专网实现通信（图中双向粗实线）。

5.3　基于直流潮流的电力网建模

5.3.1　电力系统潮流计算的相关基础知识

电力系统的潮流计算用于分析复杂电力系统在正常和故障条件下的稳态运行状态。潮流计算的目标是求解电力系统在给定运行方式下的节点电压和功率分布，以检查系统中各元件是否过载、各节点电压是否达标，以及功率分布和分配是否合理等问题[96]。电力系统的静态稳定分析也以潮流计算为基础。

本节首先介绍潮流计算和功率分配的基本原理——基尔霍夫电压和电流定律；其次定义系统中的节点电压方程和节点导纳矩阵；最后基于节点电压方程，推导系统的节点功率

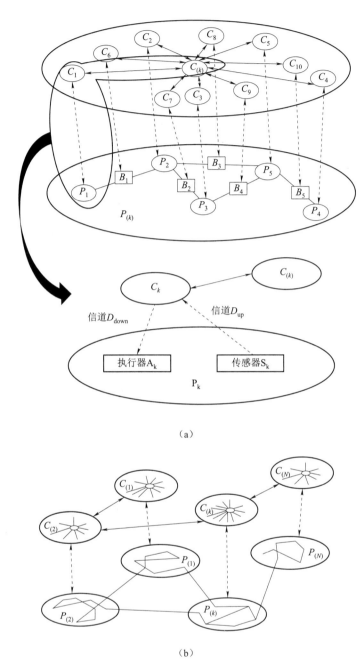

（a）

（b）

图 5-3　电力 CPS 的双层模型框架示意图

（a）小区域模型框架；（b）大区域模型框架

方程，并根据系统特性定义功率节点类型。通过综合节点功率方程和节点导纳矩阵，可以计算系统中的功率分配、节点电压和支路电流状态，从而实现潮流计算。

1. 基尔霍夫定律

首先给出支路和回路的定义：

支路：单个或多个元件串联构成的分支，称为支路。

回路：由若干条支路组成的闭合路径，称为回路。

（1）基尔霍夫电流定律

基尔霍夫电流定律描述了任意节点上各支路电流的关系，其内容为：流出（或流入）任意节点的各支路电流的代数和为零，数学表达式为：

$$\sum I = 0 \tag{5-1}$$

其中规定：流出节点的电流取正号，流入节点的电流取负号。

基尔霍夫电流定律的本质是电流的连续性原理，是电磁场中电荷守恒原理在电路中的体现。因为在任意节点上不能积累电荷，因此任意时刻流入节点的电荷一定等于流出节点的电荷。

（2）基尔霍夫电压定律

基尔霍夫电压定律描述了任意回路中各支路电压的约束关系，其内容为：在回路中的各支路电压代数和为零，数学表达式为：

$$\sum U = 0 \tag{5-2}$$

其中，支路电压的正负号根据支路电压与回路选定方向的关系确定。选定一个回路方向（顺时针或逆时针），当支路电压的参考方向与回路方向一致时取正号，反之取负号。

2. 节点电压方程与节点导纳矩阵

电力系统潮流计算中采用节点电压方程来表示系统内节点电压与注入电流之间的关系。通常以大地作为电压幅值的参考（$|U_0| = 0$），并以系统中某条输电线路的电压角度作为电压相角的参考值（$U \angle 0$），同时将线路导纳（即线路阻抗的倒数 $1/z$）作为电力网的参数进行计算。

设节点 i 和 j 的电压分别表示为 $\dot{U}_i$ 和 $\dot{U}_j$，线路 i–j 的导纳表示为 y_{ij}（其中 $y_{ij} = 1/z_{ij}$）。则从节点 i 流向节点 j 的电流 $\dot{I}_{ij}$ 可表示为：

$$\dot{I}_{ij} = y_{ij}(\dot{U}_i - \dot{U}_j) \tag{5-3}$$

此线路中节点电流的流向示意图如图 5-4 所示。

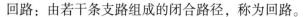

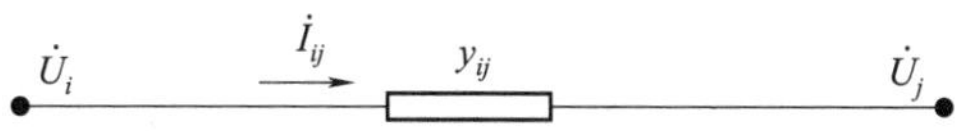

图 5-4　节点电流的流向示意图

假设与节点 i 直接相连的节点有 $n \in \mathbb{N}^+$ 个（不含接地节点），下标 0 表示接地节点，且有 $U_0 = 0$。则根据基尔霍夫电流定律，注入节点 i 的电流（规定流入节点的电流为正）等于从节点 i 流向其他节点的电流之和，即：

$$\begin{aligned}
\dot{I}_i &= \sum_{j=0,\ j \neq i}^{n} \dot{I}_{ij} \\
&= \sum_{j=0,\ j \neq i}^{n} (\dot{U}_i - \dot{U}_j) \\
&= \dot{U}_i \sum_{j=0,\ j \neq i}^{n} y_{ij} - \sum_{j=1,\ j \neq i}^{n} y_{ij} \dot{U}_j
\end{aligned} \tag{5-4}$$

在式 (5-4) 中, 令

$$\sum_{j=0,\,j\neq i}^{n} y_{ij} = Y_{ii}, \quad -y_{ij} = Y_{ij} \tag{5-5}$$

则式 (5-4) 可以改写为:

$$\dot{I}_i = \sum_{j=1}^{n} Y_{ij} \dot{U}_j, \quad i = 1, 2, \cdots, n \tag{5-6}$$

将式 (5-6) 写成矩阵形式, 则有:

$$\begin{bmatrix} \dot{I}_1 \\ \vdots \\ \dot{I}_i \\ \vdots \\ \dot{I}_n \end{bmatrix} = \begin{bmatrix} Y_{11} & \cdots & Y_{1i} & \cdots & Y_{1n} \\ \vdots & \ddots & \vdots & & \vdots \\ Y_{i1} & \cdots & Y_{ii} & \cdots & Y_{in} \\ \vdots & & \vdots & & \vdots \\ Y_{n1} & \cdots & Y_{ni} & \cdots & Y_{nn} \end{bmatrix} \begin{bmatrix} \dot{V}_1 \\ \vdots \\ \dot{V}_i \\ \vdots \\ \dot{V}_n \end{bmatrix}, \quad \text{或 } \boldsymbol{I} = \boldsymbol{YU} \tag{5-7}$$

式 (5-7) 为电力网的节点电压方程, $\boldsymbol{Y}$ 为节点导纳矩阵。

节点导纳矩阵 $\boldsymbol{Y}$ 的各元素表征电力网输电线路的拓扑特性和电气参数特性。矩阵 $\boldsymbol{Y}$ 的各元素根据式 (5-5) 定义。定义 Y_{ij} 为节点 i 和 j 间的互导纳。若节点 i 和 j 之间无连接, 则两节点间的线路阻抗 $z_{ij} = +\infty$, 相应的线路导纳 $y_{ij} = 1/z_{ij} = 0$, 则互导纳 Y_{ij} 也为 0; 定义 Y_{ii} 为节点 i 的自导纳, 其数值等于所有与节点 i 直接相连的线路 (包括接地支路) 的导纳之和。

由此可知, 由 $n \in \mathbb{N}^+$ 个节点组成的电力网中, 节点导纳矩阵 $\boldsymbol{Y}$ 具有如下特性:

①$\boldsymbol{Y}$ 为 $n \times n$ 的方阵;

②$\boldsymbol{Y}$ 为对称矩阵;

③$\boldsymbol{Y}$ 为复数矩阵。

若令 $z_{ij} = r_{ij} + jx_{ij}$, 其中 r_{ij} 和 x_{ij} 分别为线路电阻和电抗, 则 $y_{ij} = 1/z_{ij} = g_{ij} + jb_{ij}$, 其中 g_{ij} 和 b_{ij} 分别为线路电导和电纳, 满足如下关系:

$$g_{ij} = \frac{r_{ij}}{r_{ij}^2 + x_{ij}^2}, \quad b_{ij} = -\frac{x_{ij}}{r_{ij}^2 + x_{ij}^2}。$$

3. 节点功率方程

在电力系统潮流计算中, 通常已知的运行情况是负荷和发电机的功率, 且节点的功率不受节点端电压影响。因此在节点功率不变的情况下, 节点的注入电流随节点电压的变化而变化, 故在已知节点导纳矩阵的情况下, 采用已知的节点功率替代未知的节点注入电流。每一节点的注入功率方程可表示为:

$$\tilde{S} = P_i + Q_i = \dot{U}_i \dot{I}_i^* = U_i \sum_{j=1}^{n} Y_{ij}^* U_j^* \tag{5-8}$$

其中 $\tilde{S}$ 为节点的复功率, I^* 表示电流 I 的共轭。

式 (5-8) 为注入功率的复数方程, 计算时需展开为实数形式, 可采用极坐标形式或直角坐标形式[109]。

令

$$Y_{ij} = G_{ij} + jB_{ij} \tag{5-9}$$

在极坐标系下，节点电压可表示为：

$$\dot{U} = Ue^{j\theta} \tag{5-10}$$

将式（5-9）和式（5-10）代入式（5-8），得到：

$$
\begin{aligned}
P_i + jQ_i &= U_i e^{j\theta_i} \sum_{j=1}^{n} (G_{ij} - jB_{ij}) U_j e^{-j\theta_j} \\
&= U_i \sum_{j=1}^{n} (G_{ij} - jB_{ij}) U_j (\cos\theta_{ij} + j\sin\theta_{ij}) \\
&= U_i \sum_{j=1}^{n} U_j (G_{ij}\cos\theta_{ij} + B_{ij}\sin\theta_{ij}) + j\left(U_i \sum_{j=1}^{n} U_j (G_{ij}\sin\theta_{ij} - B_{ij}\cos\theta_{ij}) \right)
\end{aligned}
\tag{5-11}
$$

在直角坐标系下，节点电压可表示为：

$$\dot{U} = e_i + jf_i \tag{5-12}$$

将式（5-9）和式（5-12）代入式（5-8），得到：

$$
\begin{aligned}
P_i + jQ_i &= (e_i + jf_i) \sum_{j=1}^{n} (G_{ij} - jB_{ij})(e_j - jf_j) \\
&= (e_i + jf_i) \sum_{j=1}^{n} [(G_{ij}e_j - B_{ij}f_j) - j(G_{ij}f_i + B_{ij}e_j)] \\
&= e_i \sum_{j=1}^{n} (G_{ij}e_j - B_{ij}f_j) + f_i \sum_{j=1}^{n} (G_{ij}f_j + B_{ij}e_j) + \\
&\quad j(f_i \sum_{j=1}^{n} (G_{ij}e_j - B_{ij}f_j) - e_i \sum_{j=1}^{n} (G_{ij}f_j + B_{ij}e_j))
\end{aligned}
\tag{5-13}
$$

4. 功率节点分类

根据式（5-11）和式（5-13），每个节点具有四个变量：注入有功功率 P_i、注入无功功率 Q_i、节点电压幅值 U_i 和相角 θ_i（或电压的实部 e_i 和虚部 f_i）。在电力网中，n 个节点共有 $4n$ 个变量，可以列出 $2n$ 个功率方程。为使潮流计算有唯一解，必须指定 $2n$ 个变量。根据所给节点变量的不同，可将节点分为以下三类[96]：

（1）PV 节点（发电机节点）

PV 节点是指已知注入的有功功率 P_i 和节点电压幅值 U_i 的节点，相当于发电机节点，发电机发出的有功功率由汽轮机给定（可调节），电压大小由发电机上的励磁调节器控制。

（2）PQ 节点（负荷节点）

PQ 节点，即给定节点的注入有功功率 P_i 和无功功率 Q_i 是给定的（通常不可调节），相当于负荷节点。

（3）平衡节点

平衡节点用于平衡全网的功率。由于电网中的功率损耗在潮流计算前是未知的，因此无法确定电网中各发电机输出功率的总和。通常选择容量较大的发电机作为平衡节点，负责全网的功率平衡。平衡节点的电压幅值和相位是已知的。每个独立电网通常仅设一个平衡节点。

5.3.2　基于直流潮流方程的电力系统模型方程

由式（5-8）、式（5-11）和式（5-13）可知，潮流计算在数学上是求解一组由节点功率方程组成的非线性方程组，通常采用牛顿–拉夫逊法[96] 计算，计算复杂度较高。由于节点功率包括有功功率和无功功率，因此也称为交流潮流方程；直流潮流方程、交流潮流方程的简化处理，在数学上为一组线性方程组，具有线性表达和计算快速的特点[89]。

本节以图 5–5 中电力网线路 i–j 的电路图为例，推导直流潮流方程式。

基于式（5–11），可以得到线路的复功率为：

$$P_{ij}+jQ_{ij} = U_i^2 g_{ij}-U_i U_j(g_{ij}\cos\theta_{ij}+b_{ij}\sin\theta_{ij}) \qquad (5-14)$$
$$-j[U_i^2(b_{ij}+b_{i0})+U_i U_j(g_{ij}\sin\theta_{ij}-b_{ij}\cos\theta_{ij})]$$

则，式（5–14）中实部 P_{ij} 可表示为：

$$P_{ij}=U_i^2 g_{ij}-U_i U_j(g_{ij}\cos\theta_{ij}+b_{ij}\sin\theta_{ij}) \qquad (5-15)$$

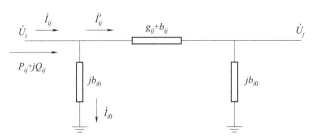

图 5–5　电力网线路 i–j 的电路图

在直流潮流模型中，基于电力网中输电线路的阻抗远小于电抗的特征，可忽略线路电阻及对地电导；考虑正常运行时线路两端相位差较小（小于20°），对正弦和余弦函数进行线性简化。由于节点电压偏移较小（小于10%）且不影响有功功率分布，设定节点电压值为恒定[96]。具体假设如下：

①$g_{ij}\approx 0$，$b_{ij}=-1/x_{ij}$，其中 x_{ij} 为节点 i 和节点 j 间支路的电抗；

②$\sin\theta_{ij}\approx\theta_i-\theta_j$，$\cos\theta_{ij}\approx 1$；

③$U_i=U_j\approx 1$；

④不考虑接地支路和变压器对有功功率分布的影响。

将假设（1）至（4）代入式（5–15）可得线路 i–j 的直流潮流方程为：

$$P_{ij}=-b_{ij}(\theta_i-\theta_j)=(\theta_i-\theta_j)/x_{ij} \qquad (5-16)$$

在 $G_P=(V_P,E_P)$ 中，定义 $B_0\in\mathbb{R}^{|V_P|\times|V_P|}$ 为电力网节点电纳矩阵，$P\in\mathbb{R}^{|V_P|}$ 为节点注入有功功率向量，$\theta\in\mathbb{R}^{|V_P|}$ 为节点电压相角向量，$F\in\mathbb{R}^{|V_P|\times|V_P|}$ 为支路潮流矩阵。因节点 i 的注入功率等于与节点 i 相连的所有支路的功率之和，电纳矩阵 B_0 中元素 $B_{0ij}=-b_{ij}$ 定义为支路电纳的负值，则式（5–16）可以改写为：

$$P_i=\sum_{j\in N_i}B_{0ij}(\theta_i-\theta_j)=-\left(-\sum_{j\in N_i}B_{0ij}\theta_i+\sum_{j\in N_i}B_{0ij}\theta_j\right)$$

其中 N_i 为与节点 i 直接相连的节点的集合（不包括 i）。由节点导纳矩阵 ［式(5–5)］ 的定义可知：

$$-\sum_{j\in N_i}B_{0ij}=B_{0ii}$$

因此，上式可写成：

$$P_i = -\left(B_{0ii}\theta_i + \sum_{j \in N_i} B_{0ij}\theta_j\right) = \sum_{j=1}^{|V_P|}\left(-B_{0ij}\theta_j\right) \tag{5-17}$$

令 $B = -B_0$，则所有节点注入功率可用矩阵表示为：

$$B\theta = P \tag{5-18}$$

令 $Q = [1 \quad 1 \quad \cdots \quad 1] \in \mathbb{R}^{1 \times |V_P|}$，则支路潮流可以表示为：

$$(\theta Q - Q^T\theta^T) \circ B = F \tag{5-19}$$

其中，"$\circ$" 表示矩阵的哈达玛积。

令 $P^{\text{physical}} \in \mathbb{R}^{|V_P| \times |V_P|}$ 表示电力网中节点和支路的功率特性，由式（5-18）和式（5-19）可得：

$$P^{\text{physical}} = F + \text{diag}(P) \tag{5-20}$$

其中，$\text{diag}(P)$ 是一个以向量 P 中元素 P_i 为对角元素的对角矩阵。

综上所述，式（5-20）表示基于直流潮流方程得到的电力系统模型方程。P^{physical} 的对角元素表征节点的注入功率（$P_i > 0$ 表示发电机节点，$P_i = 0$ 表示变压器节点，$P_i < 0$ 表示负荷节点），非对角元素表征支路潮流，满足 $P^{\text{physical}}(i, j) = -P^{\text{physical}}(j, i)$。

5.4　电力信息网建模

电力系统由发电厂、变电站、输配电线路和大量用户组成，形成了一个统一的整体。虽然各组成部分在地理位置上可能相距较远，但它们之间联系紧密，运行情况瞬息万变。电力信息网的建设实现了电网调度的自动化，能够实时采集各站厂的数据，监控系统运行状态，并发送各种操作指令。这些信息的传输依赖于电力通信网，因此电力通信网是调度自动化系统和电网安全稳定控制系统的基础。针对电力信息网的建模，应从联动接口、通信信道和调度中心三个方面进行研究。

目前，电网调度自动化的通信方式包括有线和无线通信。根据应用场合和传输数据的重要性，可分为以下四种场景[8]：

（1）调度控制中心与发电厂、变电站的通信。这是电网生产控制的核心，要求较高的通信容量和速率，通常采用高速光纤专网通信。220 kV 及以上变电站自动化系统的应急通信通道可选用卫星网络。

（2）市区主干道通信。设计多个环网作为通信主干，与调度中心相连。主干道采用光纤双环网，并将沿线的各厂站终端设备串联起来。

（3）低压变电站的远动终端通信。通信主干道的光调制解调器分支连接低压变电站的远动终端，通信方式可采用双绞线、电力线载波、无线 GPRS/CDMA 等。

（4）负荷管理通信。面向地理位置分散的客户，配电和用电管理系统对通信速率和可靠性的要求较低，配电终端子站的通信可采用 GPRS/CDMA 无线通信或中压配电线载波通信。

5.4.1　联动接口建模

根据国家标准 GB/T 14429—93《远动设备及系统术语》的定义，电力 CPS 中的远动设备主要包括远程终端单元（RTU）、配电终端单元（DTU）和馈线终端单元（FTU）。

远程终端单元（Remote Terminal Unit，RTU）是一种为适应长距离通信和复杂工业现场环境而设计的模块化计算机测控装置[110]。RTU 连接末端检测仪表和执行机构与远程调控中心的计算机主站，能够接收主站的操作指令并控制终端执行机构的动作，具有远程数据采集、控制和通信功能。

配电终端单元（Distribution Terminal Unit，DTU）通常安装在环网柜、开闭所（站）、箱式变电站和小型变电站等场所。DTU 与这些一次设备的开关单元配套，采集并计算电压、电流、位置信号、有功功率、无功功率、功率因数和电能量等数据，支持多种通信方式，能够实时上传数据至主站，并实现远程控制开关的分合、闭锁及解锁操作[111]。

馈线终端单元（Feeder Terminal Unit，FTU）具备遥控、遥信和故障检测功能。FTU 与配电自动化主站通信，为主站提供监测范围内设备的运行情况和状态信息，包括开关状态、电能参数及故障类型和参数；并执行主站下达的控制命令，对配电设备进行调节和控制[112]。

综上所述，远动设备可以实现遥信、遥测和遥控功能，因此设备终端必须安装传感器、执行器和通信模块。基于 5.2 节的电力 CPS 框架，对于传感器类节点 V_C^S，定义 $S \in \mathbb{R}^{|V_P| \times |V_P|}$ 为传感器矩阵，用于表示电力网中装备是否安装有传感器模块。矩阵元素 $S(i,j) = s_{ij}$ 满足 $s_{ij} \in \{0,1\}$，其中非对角元素 $s_{ij} = 1$ 表示线路 i-j 上安装有传感器设备，对角元素 $s_{ii} = 1$ 表示节点 i 装有传感器设备。

传感器矩阵 S 表示如下：

$$S = \begin{bmatrix} s_{11} & s_{12} & \cdots & s_{1|V_P|} \\ s_{21} & s_{22} & \cdots & s_{2|V_P|} \\ \vdots & \vdots & \ddots & \vdots \\ s_{|V_P|1} & s_{|V_P|2} & \cdots & s_{|V_P||V_P|} \end{bmatrix}$$

类似地，对于执行器（控制器）类节点 V_C^A，定义 $A \in \mathbb{R}^{|V_P| \times |V_P|}$ 为执行器矩阵，用于表示电力网中装备是否安装有执行器模块。矩阵元素 $A(i,j) = a_{ij}$ 满足 $a_{ij} \in \{0,1\}$，其中非对角元素 $a_{ij} = 1$ 表示线路 i-j 上安装有执行器设备，对角元素 $a_{ii} = 1$ 表示节点 i 装有执行器设备。

执行器矩阵 A 表示如下：

$$A = \begin{bmatrix} a_{11} & a_{12} & \cdots & a_{1|V_P|} \\ a_{21} & a_{22} & \cdots & a_{2|V_P|} \\ \vdots & \vdots & \ddots & \vdots \\ a_{|V_P|1} & a_{|V_P|2} & \cdots & a_{|V_P||V_P|} \end{bmatrix}$$

5.4.2　通信信道建模

根据图 5-3（a），定义 $D_{up} \in \mathbb{R}^{|V_P| \times |V_P|}$ 为上行数据通信信道矩阵，矩阵元素 $D_{up}(i,j) = d_{upij}$ 满足 $d_{upij} \in \{0,1\}$。非对角元素 $d_{upij} = 1$ 表示电力网 G_P 中支路 i-j 上安装有传感器，并通

过电力信息网 G_C 控制中心存在数据上行通信信道，传输内容为线路的潮流信息及断路器状态；对角元素 $d_{upij}=1$ 表示电力网 G_P 中节点 i 上安装的传感器通过电力信息网 G_C 控制中心进行上行数据通信，传输内容为节点的功率信息。

上行数据通信信道矩阵 D_{up} 表示如下：

$$D_{up} = \begin{bmatrix} d_{up11} & d_{up12} & \cdots & d_{up1|V_P|} \\ d_{up21} & d_{up22} & \cdots & d_{up2|V_P|} \\ \vdots & \vdots & \ddots & \vdots \\ d_{up|V_P|1} & d_{up|V_P|2} & \cdots & d_{up|V_P||V_P|} \end{bmatrix}$$

类似地，定义 $D_{down} \in \mathbb{R}^{|V_P| \times |V_P|}$ 为下行数据通信信道矩阵，矩阵元素 $D_{down}(i,j) = d_{downij}$ 满足 $d_{downij} \in \{0,1\}$。非对角元素 $d_{downij}=1$ 表示电力信息网 G_C 控制中心与电力网 G_P 支路 i-j 上的执行器（如断路器）之间存在下行通信信道，传输内容为断路器开/合闸控制指令；对角元素 $d_{downij}=1$ 表示电力信息网 G_C 控制中心与电力网 G_P 中节点 i 上的执行器之间存在下行通信信道，传输内容为对节点的功率调节指令。

下行数据通信信道矩阵 D_{down} 表示如下：

$$D_{down} = \begin{bmatrix} d_{down11} & d_{down12} & \cdots & d_{down1|V_P|} \\ d_{down21} & d_{down22} & \cdots & d_{down2|V_P|} \\ \vdots & \vdots & \ddots & \vdots \\ d_{down|V_P|1} & d_{down|V_P|2} & \cdots & d_{down|V_P||V_P|} \end{bmatrix} \circ$$

5.4.3　调度中心建模

调度（控制）中心是电力 CPS 中信息网层的核心节点，保障电力系统的安全稳定运行。完整的安全调度过程分为三个层次：输入层、控制层和输出层。输入层负责接收所辖范围内系统的遥测和遥信数据；控制层根据输入的监测数据，分析系统的运行状态，进行状态判断、潮流计算及控制决策等；输出层将控制层得出的控制方案通过遥信和遥控方式传递给电力系统终端节点的执行器（控制器）。图 5-6 所示为电力 CPS 安全调度框图。

数据预处理的作用是滤除显著错误数据或补全缺失的测量数据。电力系统的接线情况由各断路器的开关状态决定，系统的数学模型预先存储在系统运行状态框中。经过预处理的数据可以完整地表征电力系统的网络拓扑结构和运行状态。根据设定的各类安全阈值，可以判断系统的当前状态。当系统处于正常状态时，通过潮流计算程序进行 $N-1$ 预想事故安全分析，以确认系统是否处于安全状态或发现潜在的警戒状态；当系统处于警戒状态时，进行预防性措施的分析和监控；当系统进入紧急状态时，调度系统将迅速采取紧急控制措施，尽量防止系统解列；当系统进入恢复状态时，调度系统监控各项操作的正确性和效果[8]。

本节仅对输入层和输出层进行建模，涉及上行/下行通信信道 D_{up}/D_{down} 的接口衔接。计算层没有固定模型，在实际应用中，根据具体的控制方式和方法列写相应的模型表达式，只要规范输入、输出变量即可实现一体化建模。

根据复杂网络理论，网络是由节点和连线组成的。广义定义下，节点表示系统的元素，连接线表示节点之间的相互作用关系。

根据图论的基本概念，网络由节点集和边集构成，记为 $G=(V, E)$，其中 V 为节点集，E 为边集。若 G 中的所有边均为有向边，则称 G 为有向图；若 G 中的所有边均无方向，则称 G 为无向图。邻接矩阵 $A \in \mathbb{R}^{n \times n}$ 用于表示网络 G 中节点间的相邻关系，其中矩阵 A 的阶数与 G 中节点数相同，即 $n=|V|$。无向图 G 的邻接矩阵 A 定义如下：

$$A(i, j) = \begin{cases} 1 & \text{若 } i-j \in E \\ 0 & \text{若 } i-j \notin E \text{ 且 } i \neq j \\ 0 & \text{若 } i=j \end{cases} \tag{5-21}$$

由定义可知，无向图的邻接矩阵 A 是对称矩阵。

根据式（5-21），定义电力网的网络结构邻接矩阵 $T \in \mathbb{R}^{|V_P| \times |V_P|}$，矩阵 T 的非对角元素满足 $t_{ij} \in \{0, 1\}$，若线路 $i-j$ 连通，则 $t_{ij}=t_{ji}=1$；若线路 $i-j$ 不连通（即开路），则 $t_{ij}=t_{ji}=0$。

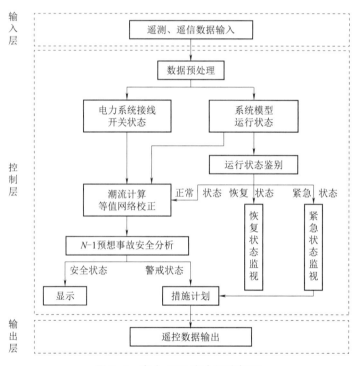

图 5-6 电力 CPS 安全调度框图

定义 $U^{\text{receive}} = \{U_{\text{flow}}^{\text{receive}} \quad U_{\text{branch}}^{\text{receive}}\} \in \mathbb{R}^{|V_P| \times |V_P|}$ 为控制中心的数据接收矩阵，其中 $U_{\text{flow}}^{\text{receive}}$ 储存接收到的电力网功率潮流信息 P^{physical}，$U_{\text{branch}}^{\text{receive}}$ 储存接收到的电力网架构信息 T：

$$U_{\text{flow}}^{\text{receive}} = S \circ D_{\text{up}} \circ P^{\text{physical}} \tag{5-22}$$

$$U_{\text{branch}}^{\text{receive}} = S \circ D_{\text{up}} \circ T \tag{5-23}$$

定义 $U^{\text{send}} \in \mathbb{R}^{|V_P| \times |V_P|}$ 为调度中心的控制指令信息发送矩阵，由于对电力网节点的控制为有功功率调整，而对电力网线路的控制为改变各断路器的开/合状态，定义 $U_{\text{bus}}^{\text{send}}$，$U_{\text{branch}}^{\text{send}}$ $\in \mathbb{R}^{|V_P| \times |V_P|}$ 分别为电力信息网对电力网节点和支路的控制指令矩阵，则 U^{send} 可表示如下：

$$U^{\text{send}} = U_{\text{bus}}^{\text{send}} + U_{\text{branch}}^{\text{send}}$$

$$= \begin{bmatrix} u_1 & & & \\ & u_2 & & \\ & & \ddots & \\ & & & u_{|V_P|} \end{bmatrix} + \begin{bmatrix} 0 & u_{12} & \cdots & u_{1|V_P|} \\ u_{21} & 0 & \cdots & u_{2|V_P|} \\ \vdots & \vdots & \ddots & \vdots \\ u_{|V_P|1} & u_{|V_P|2} & \cdots & 0 \end{bmatrix} \tag{5-24}$$

其中 u_i 为电力网节点 i 的功率调节量，规定 $u_i > 0$ 表示发电机节点增加输出功率（或负荷节点切负荷指令），反之 $u_i < 0$ 表示减少输出功率。u_{ij} 表示电力网支路 i-j 上断路器的开/合状态，规定 $u_{ij} = 1$ 为断路器闭合，$u_{ij} = 0$ 为断路器开路。

5.5　基于直流潮流的电力 CPS 的一体化模型

根据第 5.2 节中提出的电力 CPS 框架结构，在第 5.3 节和第 5.4 节中分别对电力网、电力信息网及通信信道进行了建模。本节将这三部分模型进行联立求解，综合考虑电力网、电力信息网和通信信道的特性，创建基于直流潮流的电力 CPS 的一体化模型。

定义 $P_{\text{bus}}^{\text{cps}}$、$H_{\text{branch}}^{\text{cps}}$ 和 $P^{\text{cps}} \in \mathbb{R}^{|V_P| \times |V_P|}$ 分别为电力 CPS 的电力网节点功率注入矩阵、电力网拓扑变化矩阵和潮流功率矩阵。图 5-7 更为直观地展现了电力 CPS 中电力网、电力信息网、联动接口和通信信道之间的交互关系。箭头方向代表信息流的方向。

若定义电力信息网控制中心的广义决策函数为 G，满足 $\left(\mathbb{R}^{|V_P| \times |V_P|} \quad \mathbb{R}^{|V_P| \times |V_P|} \right) \to \mathbb{R}^{|V_P| \times |V_P|}$，则由图 5-7，根据式（5-18）~式（5-24），可以得到基于直流潮流的电力 CPS 的一体化模型为：

$$U_{\text{flow}}^{\text{receive}} = S \circ D_{\text{up}} \circ P^{\text{physical}} \tag{5-25}$$

$$U_{\text{branch}}^{\text{receive}} = S \circ D_{\text{up}} \circ T \tag{5-26}$$

$$U^{\text{send}} = U_{\text{bus}}^{\text{send}} + U_{\text{branch}}^{\text{send}} \tag{5-27}$$

$$U_{\text{bus}}^{\text{send}} = G\left(U_{\text{flow}}^{\text{receive}}, \ U_{\text{branch}}^{\text{receive}} \right) \tag{5-28}$$

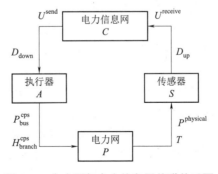

图 5-7　电力网与电力信息网关联关系图

$$U_{\text{branch}}^{\text{send}} = G\left(U_{\text{flow}}^{\text{receive}}, \ U_{\text{branch}}^{\text{receive}}\right) \tag{5-29}$$

$$P_{\text{bus}}^{\text{cps}} = \text{diag}(P) + D_{\text{down}} \circ A \circ U_{\text{bus}}^{\text{send}} \tag{5-30}$$

$$H_{\text{branch}}^{\text{cps}} = D_{\text{down}} \circ A \circ U_{\text{branch}}^{\text{send}} \tag{5-31}$$

$$B'\theta' = P_{\text{bus}}^{\text{cps}} \tag{5-32}$$

$$\left(\theta'Q - Q^T \theta'^T\right) \circ B' = F' \tag{5-33}$$

$$P^{\text{cps}} = F' + P_{\text{bus}}^{\text{cps}} \tag{5-34}$$

其中 B' 为基于 $H_{\text{branch}}^{\text{cps}}$ 拓扑连接关系下的节点电纳矩阵的负数，可按照定义结合式（5-5）和式（5-17）求出。

当电力系统的运行方式或拓扑结构发生变化时（即 $H_{\text{branch}}^{\text{cps}}$ 变化时），都会直接影响系统的节点导纳矩阵，因此需要在重新进行潮流计算前根据系统当前的拓扑结构修正节点导纳矩阵。在直流潮流模型中，假设 $g_{ij} = 0$，因此系统的节点导纳矩阵也称为节点电纳矩阵。由于改变一条支路 i-j 的状态或参数只影响该支路两端节点 i 和 j 的自电纳和互电纳，据此给出在直流潮流模型假设下的节点电纳矩阵 B_0' 的修正算法如下（$B' = -B_0'$）。

（1）原网络节点 i、j 间增加一条支路

此时节点电纳矩阵的阶数不变，只是由于节点 i 和 j 间增加了一个支路电纳 b_{ij} 而使节点 i 和 j 间的互电纳、节点 i 和 j 的自电纳变化，变化量为：

$$\Delta B_{0ii} = b_{ij}, \ \Delta B_{0jj} = b_{ij}, \ \Delta B_{0ij} = \Delta B_{0ji} = -b_{ij} \tag{5-35}$$

（2）切除原网络节点 i、j 间的支路

若切除原网络节点 i、j 间的支路，相当于在节点 i 和 j 间增加一个支路电纳为 $-b_{ij}$ 的支路，则由（1）可得，此时节点电纳矩阵的阶数不变，节点 i 和 j 间的互电纳、节点 i 和 j 的自电纳变化量为：

$$\Delta B_{0ii} = -b_{ij}, \ \Delta B_{0jj} = -b_{ij}, \ \Delta B_{0ij} = \Delta B_{0ji} = b_{ij} \tag{5-36}$$

特别的，若仅切除一条边，在该情况下，用矩阵公式可直接计算 B'：

$$B' = B + b_{ij}M^T M \tag{5-37}$$

其中 $b_{ij} = -1/x_{ij}$ 为断开支路的串联电抗倒数的负值，M 的第 i 个元素为 1、第 j 个元素为 -1，其余元素均为 0 的行向量。

（3）切除一个节点 i

假设与节点 i 直接相连的节点集合为 $\mathbb{N}_i$。切除节点 i，节点电纳矩阵的阶数减少 1，同时改变节点 i 和 k 间的互电纳及节点 i 和 k 的自电纳，其中 $k \in \mathbb{N}_i$，该过程可分为两步：

①改变原节点电纳矩阵 B_0 中所有与节点 i 直接相连的节点的自电纳，变化量为：$\Delta B_{0kk} = -b_{ik}$，$\forall k \in \mathbb{N}_i$。

②删去矩阵 B_0 中的第 i 行和第 j 列，得到新的节点电纳矩阵 $B_0' \in \mathbb{C}^{(n-1) \times (n-1)}$。

通过上述对电力 CPS 建模技术的深入探讨，我们认识到有效的建模不仅能够优化电力系统的性能和可靠性，还能为实现更高级的安全防护奠定基础。在当前复杂多变的电力环境中，单纯依靠传统的防护措施已难以应对日益复杂的网络攻击和系统故障。因此，智能技术的引入变得尤为关键。下一章将深入探讨如何利用机器学习、人工智能等先进技术，在电力 CPS 的安全防护中发挥重要作用。这些技术不仅提升了安全防护的效率，还增强了系统应对复杂威胁的能力，从而为电力 CPS 的稳定运行提供了坚实保障。

第 6 章　基于智能技术的电力 CPS 安全防护

随着智能技术的发展，机器学习、人工智能和大数据分析等技术逐渐成为电力 CPS 安全防护的重要组成部分。本章将重点探讨这些智能技术在电力系统中的应用，从异常检测到预测性维护，智能技术不仅提高了防护的效率，也极大增强了系统应对复杂攻击的能力。

6.1　机器学习在电力 CPS 中的应用

随着电力 CPS 在现代电网中的广泛应用，系统的复杂性和相互依赖性也随之增加。传统的网络安全防护措施在面对复杂多变的电力 CPS 安全威胁时，逐渐表现出不足。为了应对日益复杂的安全挑战，机器学习（Machine Learning，ML）作为一种强大的数据驱动技术，已经成为电力 CPS 安全防护的关键技术之一[113]。机器学习通过分析大量数据，挖掘隐藏的模式和异常行为，能够提高系统的威胁检测能力、风险预测能力以及决策支持能力。

本节将详细探讨机器学习在电力 CPS 中的具体应用场景、技术优势、挑战以及未来的发展趋势。

6.1.1　机器学习在电力 CPS 安全中的作用

机器学习在电力 CPS 的安全防护中具有独特优势，特别是在大数据分析、异常检测、预测性维护等方面发挥了关键作用。以下是机器学习在电力 CPS 中的主要作用。

（1）异常检测与入侵检测

电力 CPS 中的安全威胁常常表现为设备异常或网络流量异常。然而，传统的基于签名的检测方法只能识别已知攻击模式，对未知威胁或复杂攻击往往无能为力。机器学习通过分析电力 CPS 中的大量历史数据，建立系统的正常行为模型，从而能够检测到异常行为。

①基于监督学习的入侵检测。监督学习算法通过标注历史数据集中的正常和异常行为，训练一个分类模型来区分正常和异常状态。例如，支持向量机（SVM）和随机森林等常用算法能够有效识别电力系统中网络流量的异常模式，及时发现潜在的入侵行为。

②基于无监督学习的异常检测。对于没有足够标注数据的场景，电力 CPS 可以利用无监督学习方法，如聚类算法和自编码器（Autoencoder），从系统行为中识别异常模式。通过识别数据中的离群点，无监督学习能够检测到潜在的未知威胁和攻击。

（2）预测性维护与设备故障预测

电力 CPS 中的设备维护是确保系统安全稳定运行的重要环节。传统的设备维护通常基于预定的时间表或人工检查，而机器学习技术能够通过分析设备的运行数据，提前预测设备可能出现的故障，从而避免因设备故障引发的安全事故。

①时间序列分析与预测。机器学习通过分析设备的历史运行数据，可以建立时间序列模型，如长期短期记忆网络（LSTM）或自回归移动平均模型（ARIMA），预测未来设备的运行状态。一旦模型预测到设备性能的异常变化，系统可以提前进行维护，避免设备在关键时刻出现故障。

②剩余寿命预测（RUL）。机器学习能够通过对设备传感器数据和状态数据的分析，预测设备的剩余使用寿命。利用贝叶斯网络和深度学习等技术，电力公司可以优化设备维护计划，降低系统运营成本的同时提高设备可靠性。

（3）智能负荷调度与优化

电力 CPS 中的负荷调度是一个复杂的优化问题，需要考虑多种因素，如电力需求、发电成本、网络传输能力等。机器学习可以通过对历史负荷数据和环境数据的学习，优化负荷调度策略，帮助电力公司更高效地利用能源资源，减少系统负荷波动。

①强化学习（Reinforcement Learning）。强化学习是一种通过交互学习的智能技术，能够在不断试错中优化策略。在电力 CPS 的负荷调度中，强化学习可以通过试验和反馈不断调整负荷分配，优化整体电力调度计划，确保系统在高效运行的同时保持稳定。

②需求侧管理。通过对用户用电行为的分析，机器学习可以帮助电力公司制定个性化的用电建议，优化电网的负荷分配。通过深度学习模型对用户行为数据的分析，电力公司可以更好地预测用电高峰期，提前作出相应的调度调整，防止电网过载。

（4）网络流量分析与安全防护

电力 CPS 中的网络流量分析是检测网络攻击的关键手段。机器学习可以通过分析网络流量模式，识别潜在的攻击行为，尤其是在面对复杂的混合攻击时，机器学习的模式识别能力能够显著提升攻击检测的准确性。

①基于深度学习的流量分类。深度学习模型，如卷积神经网络（Convolutional Neural Network，CNN）和递归神经网络（Recurrent Neural Network，RNN），可以用于分析网络流量特征，自动识别恶意流量和正常流量之间的区别。这种方法不需要依赖于手工构建的特征提取规则，能够适应复杂多变的攻击模式。

②流量异常检测。通过无监督学习算法，如 K-means 聚类算法或孤立森林（Isolation Forest），可以对网络流量进行实时分析，识别出可能的异常流量。这些异常流量可能是潜在的攻击行为或恶意软件传播，从而帮助电力公司及时采取防护措施。

6.1.2　机器学习在电力 CPS 中的应用挑战

尽管机器学习技术在电力 CPS 的安全防护中具有显著优势，但其在实际应用中仍然面临一些挑战。以下是机器学习在电力 CPS 中应用的主要挑战。

（1）数据质量问题

机器学习的效果高度依赖于数据质量，而电力 CPS 中的数据通常分布广泛、格式各异，且数据的可靠性可能受到传感器故障、通信延迟等问题的影响。如何保证数据的质量和一致性，是机器学习应用中的一大挑战。

（2）模型的可解释性

在电力 CPS 中，机器学习模型的决策可能直接影响系统的安全性。因此，电力公司不仅需要准确的预测结果，还需要理解机器学习模型作出决策的原因。然而，深度学习等复杂的模型通常缺乏可解释性，这使得在关键决策中依赖这些模型存在一定的风险。

（3）实时性与资源限制

电力 CPS 需要实时响应网络攻击和设备故障，而机器学习模型的复杂计算可能导致处理延迟。此外，电力 CPS 中的边缘设备资源有限，如何在有限资源环境中部署高效的机器学习模型是应用中的另一个挑战。

（4）模型的鲁棒性与适应性

电力 CPS 的运行环境复杂多变，机器学习模型需要具备良好的鲁棒性，能够应对各种意外情况。此外，系统的变化可能导致模型过时，因此如何确保机器学习模型的持续更新和适应性也是应用中的难题。

6.1.3　机器学习在电力 CPS 中的发展趋势

随着机器学习技术的不断进步，电力 CPS 的安全防护将更加智能化和自动化[114]。以下是未来机器学习在电力 CPS 中的几个发展方向。

（1）联邦学习的应用

联邦学习（Federated Learning）是一种分布式机器学习方法，它能够在不共享本地数据的情况下，对不同节点的数据进行协同训练。这种方法对于电力 CPS 的分布式环境具有重要意义，尤其是在边缘设备资源受限且数据敏感的情况下。联邦学习可以通过在各个边缘节点上训练本地模型，并将模型参数汇总进行全局模型更新，从而保护各节点的数据隐私，并减少网络带宽的占用。

在电力 CPS 中，联邦学习可以用于多个电网区域的数据协同训练，帮助不同区域的电网在不共享数据的前提下，共享知识模型。这种方式可以显著提高电力 CPS 的整体安全性，并增强系统对未知威胁的检测能力。此外，联邦学习还能够通过本地模型的训练减少中心化服务器的负担，提升系统的处理效率。

（2）自适应学习与在线学习

电力 CPS 中的网络环境和设备运行状态随时都可能发生变化，传统的静态机器学习模型可能无法适应这些变化。自适应学习（Adaptive Learning）和在线学习（Online Learning）技术为此提供了解决方案。这些技术通过持续学习系统的最新数据，实时调整模型的参数，使其能够不断适应电力 CPS 的动态变化。

自适应学习可以帮助电力 CPS 在环境发生变化时自动调整入侵检测模型，确保模型在面对新的攻击类型或设备行为变化时仍然能够保持高效。在线学习技术可以在网络攻击发生时，迅速根据攻击模式的变化进行模型更新，提升系统的防护能力。此外，随着电力系统的负荷变化，在线学习能够帮助优化负荷调度算法，确保电网在不同时段的效率和安全性。

（3）深度强化学习在电力调度中的应用

深度强化学习（Deep Reinforcement Learning，DRL）通过结合深度学习和强化学习，能够在复杂环境中通过试验与反馈不断优化决策策略。在电力 CPS 中，深度强化学习具有广阔的应用前景，特别是在智能电网的负荷调度和能源管理领域。

在电力系统的负荷调度中，深度强化学习可以通过模拟不同的调度策略，自动调整电力分配，从而实现最优的能源利用。通过这种方法，电力公司可以在不影响系统稳定性的前提下，最大化电力资源的利用效率。此外，深度强化学习还能够在突发事件中快速调整电网的调度策略，确保系统在高负荷或紧急状态下的可靠运行。

（4）安全威胁的预测与防御

基于机器学习的安全威胁预测与防御技术在电力 CPS 中的应用越来越广泛。通过对历史安全事件和设备行为数据的分析，机器学习模型能够预测未来可能发生的网络攻击或设备故障。此类预测不仅可以帮助电力公司提前采取防护措施，还可以优化应急响应计划，减少攻击或故障带来的损失。

安全威胁预测模型可以用于分析电力 CPS 的历史攻击数据，识别出攻击者的行为模式，并根据现有的数据预测可能的攻击路径。电力公司可以根据这些预测结果，提前加强特定设备或网络段的安全防护，提升系统的整体防御能力。

机器学习技术在电力 CPS 中的应用，不仅为系统提供了强大的安全防护手段，还推动了电力系统的智能化发展。通过机器学习的不断创新，电力 CPS 能够更好地应对复杂的网络安全挑战，并实现更高效的负荷管理、设备维护和网络防护。

未来，随着联邦学习、自适应学习、深度强化学习等技术的发展，电力 CPS 将实现更加智能化和自动化的安全防护系统。同时，随着电力系统中智能设备和物联网设备的普及，机器学习将继续在电力 CPS 的各个环节发挥关键作用，为电力系统的安全与稳定提供更加全面的保障。

6.2　人工智能技术的安全防护应用

在现代电力 CPS 中，人工智能（Artificial Intelligence，AI）技术的广泛应用已经成为保障系统安全性的重要手段。电力 CPS 集成了物理系统与信息系统，在推动电网智能化、自动化发展的同时，也面临着日益严峻的网络安全威胁。随着黑客攻击手段的不断升级，传统的安全防护技术在应对复杂攻击时逐渐显得力不从心。AI 技术凭借其强大的数据处理能力、模式识别与自适应能力，能够在实时检测、威胁响应、攻击预测等方面为电力 CPS 提供强有力的保障。

本节将详细探讨 AI 技术在电力 CPS 安全防护中的应用，包括入侵检测系统、异常行为分析、预测性维护，以及 AI 驱动的自动化防御策略等多个方面。通过分析 AI 在电力 CPS 中的典型应用场景，展望 AI 技术未来在该领域的潜在发展方向。

6.2.1　AI 技术在电力 CPS 中的角色与重要性

电力 CPS 的安全防护复杂性主要源于其多层次、分布式的架构，涵盖了物理层、网络层、数据层和应用层。每一层都可能受到不同类型的攻击威胁，如物理入侵、恶意软件、数据泄露、拒绝服务攻击（DoS）等。这些攻击行为在很多情况下表现为非线性或随机事件，难以通过传统的基于规则的防护系统进行有效防御。AI 技术通过其强大的数据分析和自学习能力，能够识别复杂的攻击模式，并自动化制定防御策略。

（1）提升实时检测能力

电力 CPS 的安全要求快速、实时的检测响应。AI 技术通过实时监控大量数据并分析其模式，能够在短时间内识别异常行为和潜在攻击。特别是通过深度学习（Deep Learning）、机器学习（Machine Learning）和神经网络（Neural Networks），AI 能够从海量的网络流量数据中自动提取特征，识别出潜在的威胁行为。

例如，基于深度学习的入侵检测系统可以分析网络中的通信行为，识别出未被记录的攻击模式。在电力 CPS 中，AI 驱动的 IDS 通过不断学习正常和异常行为之间的差异，能够快速发现复杂的、隐藏的攻击，并在早期阶段阻止攻击的扩散。

（2）异常行为分析与模式识别

电力 CPS 中常常会发生难以预测的异常行为，这些异常行为既可能是设备故障，也可能是恶意攻击。传统的安全系统通常依赖于静态的规则来识别异常行为，而这种方法对于动态变化的系统环境来说往往缺乏灵活性。AI 技术能够通过动态学习系统的运行模式，建立正常行为基线，从而更加准确地识别出异常行为。

①基于无监督学习的异常检测。在一些没有标注数据的情况下，AI 可以通过无监督学习方法，如 K-means 聚类、孤立森林等，分析电力系统中的数据，发现与正常运行模式不一致的异常行为。这种方法在面对零日攻击时尤为有效，因为 AI 模型能够自适应地发现未知的攻击模式。

②时间序列分析。电力 CPS 中的设备通常会生成大量的时序数据。AI 技术可以通过分析设备运行数据的时间序列模式，识别出设备运行状态中的微小异常，进而预警可能发生的攻击或设备故障。例如，长短期记忆网络（Long Short-Term Memory，LSTM）能够有效地处理电力设备的时序数据，识别出逐步演变的异常行为。

（3）自动化威胁响应与防御

AI 不仅可以用于威胁检测，还能通过自动化机制帮助电力 CPS 进行威胁响应和防御决策。自动化防御系统可以根据 AI 模型的检测结果，自动采取应对措施，如隔离受感染的设备、阻断恶意流量或启动备用系统，确保攻击不会对电力系统的运行造成严重影响。

①强化学习。在复杂的网络环境中，强化学习是一种能够在交互过程中自适应学习的 AI 技术。通过与电力 CPS 的持续交互，AI 系统能够学习到最佳的防御策略，并在面对未知攻击时作出合理的防御决策。例如，在电力调度系统中，AI 可以通过强化学习不断调整网络防御策略，最大限度减少攻击对电力输送的影响。

②基于 AI 的自动化响应系统。一些电力公司已经开始部署 AI 驱动的自动化响应系统。当系统检测到攻击或异常行为时，AI 能够自动分析其影响范围和风险级别，并根据预设的策略执行应急响应。例如，自动关闭受感染的设备、切换网络路由或进行负载均衡等。这种自动化机制能够显著缩短攻击检测与防御之间的时间差，避免攻击扩散到整个系统。

（4）预测性维护与故障预防

电力 CPS 的安全不仅体现在网络层面的防护上，还包括对物理设备运行状态的监测和预测。AI 技术通过分析设备运行数据和历史维护记录，能够预测设备的潜在故障，帮助企业在设备发生故障前进行维护，避免因设备故障引发的安全问题。

①基于 AI 的故障预测模型。通过训练深度神经网络或随机森林模型，AI 可以从设备的传感器数据中提取特征，预测设备的剩余使用寿命或可能出现的故障。例如，AI 能够分析变压器的温度、压力、电流等参数，预测其可能发生的故障，提前采取维护措施，避免设备突然中断对电力系统产生影响。

②预防性维护决策支持。通过对多个设备的故障历史和运行数据进行建模，AI 可以帮助电力公司优化维护计划。AI 算法能够自动分析哪些设备需要优先维护，哪些设备可以延迟维护，从而优化维护资源的分配，降低运营成本的同时保障系统的安全性。

6.2.2 AI 技术在电力 CPS 中的典型应用场景

在电力 CPS 中，AI 技术的应用场景非常广泛，涵盖了多个关键领域，尤其是在智能电网和 SCADA 系统的安全防护中，AI 技术发挥着至关重要的作用。以下将详细探讨 AI 技术在这些典型应用场景中的具体应用。

（1）智能电网的网络安全防护

在智能电网中，AI 技术被广泛应用于检测网络攻击和优化电网运行。智能电网的网络安全防护面临着日益复杂的威胁，如高级持续性威胁（APT）、恶意软件攻击和数据篡改等。AI 能够通过对智能电表、配电设备和通信网络的实时监控，识别异常流量和恶意操作，提供精确的威胁预警。

例如，通过分析来自智能电表的海量数据，AI 系统能够检测到未经授权的操作，如非法接入或篡改电表数据。同时，AI 技术还可以帮助优化智能电网中的电力负荷调度，减少因网络攻击导致的电力波动和系统不稳定。

（2）SCADA 系统的安全保护

SCADA 系统是电力 CPS 的核心控制系统，负责监控关键的电力设备和过程。SCADA 系统一旦遭受网络攻击，可能导致严重的电力供应中断。因此，AI 技术在 SCADA 系统中的安全防护具有重要作用。

AI 技术可以通过实时分析 SCADA 系统中的通信和控制指令，自动识别异常命令或不正常的操作。例如，基于深度学习的威胁检测系统能够及时发现异常指令，防止攻击者通过 SCADA 系统对电力设备发起破坏性操作。此外，AI 还可以帮助电力公司快速响应 SCADA 系统中的安全事件，通过自动隔离受攻击的控制节点，阻止攻击扩散。

6.2.3 AI 技术应用中的挑战与未来展望

尽管 AI 技术在电力 CPS 安全防护中的应用前景广阔，但其在实际部署中也面临着一系列挑战。

（1）数据隐私与安全问题

AI 模型依赖于大量数据的训练，而电力 CPS 中的数据通常涉及用户隐私或系统敏感信息。如何在保证数据安全和隐私的前提下进行 AI 模型训练，是当前面临的挑战之一。未来，联邦学习等隐私保护技术将被广泛应用，以确保在不共享原始数据的前提下，依然能够通过协同学习提升 AI 模型的安全防护能力。

（2）模型的可解释性与信任问题

AI 系统的决策往往是基于复杂的数学模型或神经网络，难以解释其决策过程，这使系统运营者难以信任 AI 系统的判断，特别是在电力 CPS 这样关键的基础设施中。可解释性（Explainability）是当前 AI 研究中的一个重要领域，未来，基于可解释 AI（Explainable AI，XAI）的技术将逐渐引入电力 CPS 的安全防护中。XAI 将帮助系统运营者理解 AI 模型的决策依据，从而提升对 AI 模型的信任度，确保系统在重要决策中可以依赖 AI 技术。

（3）实时性要求与计算资源限制

电力 CPS 中的安全防护要求系统能够实时检测并响应威胁，而 AI 模型的复杂性往往需要大量的计算资源和时间，尤其是在面对海量数据时。如何在有限的计算资源下保持 AI 系统的高效运行，是电力公司面临的主要挑战之一。

（4）模型的鲁棒性与攻击抵抗力

AI 系统在电力 CPS 中的应用也需要考虑其自身的安全性。攻击者可以通过对 AI 模型输入的微小干扰（例如对抗样本攻击）来欺骗模型，使其产生错误判断。这种对 AI 模型的攻击可能导致入侵检测系统失效，从而为攻击者打开了系统的安全漏洞。

随着电力 CPS 日益复杂，AI 技术的应用将更加广泛，未来在以下几个方面将有重要发展。

（1）智能化的网络安全管理平台

未来，AI 将与电力 CPS 中的网络安全管理平台深度结合，形成智能化的网络安全运营中心（Security Operation Center，SOC）。通过自动化数据分析、威胁响应和预测性维护，AI 将帮助电力公司实现从传统手动防护到智能化自主防御的转变。

（2）人机协作的防御体系

AI 技术将不仅仅作为辅助工具，更将成为电力 CPS 中的重要决策者之一。在未来的人机协作防御体系中，AI 将负责实时监控和初步决策，而人类操作员则负责审核与高层次决策。通过人机协同工作，电力系统的安全防护将更加可靠且具备高度灵活性。

（3）结合区块链技术的去中心化安全架构

区块链与 AI 的结合将为电力 CPS 带来更多的创新防护机制。通过区块链技术的去中心化特点，AI 可以在多个节点之间协调安全策略，确保系统的分布式防护能力。此外，区块链将为 AI 模型的训练数据提供更高的可信度和安全性，防止数据被篡改。

人工智能技术在电力 CPS 的安全防护应用中展现出巨大的潜力，从实时威胁检测、异常行为分析、自动化响应到预测性维护，AI 为电力系统的安全管理提供了全方位的支持。尽管当前在数据隐私、可解释性、实时性和鲁棒性方面还存在一定挑战，但随着技术的发展，AI 将在电力 CPS 的安全防护中发挥更加核心的作用。

未来，随着边缘计算、分布式 AI 和可解释性技术的引入，电力公司将能够充分利用 AI 技术的优势，实现更加智能化、自动化和自主化的安全防护体系。这不仅将提升系统的整体安全性，还将为电力行业的数字化转型提供强有力的保障。

6.3 大数据分析与预测性维护

随着电力 CPS 的复杂性和数据规模的日益增长，传统的设备维护方式已经无法满足现代电力系统高效运行和安全保障的需求。大数据技术的发展为电力 CPS 提供了强大的数据分析能力，使得通过预测性维护来优化系统运行和设备管理成为可能。通过分析来自设备传感器、网络通信和历史运行数据的海量信息，大数据分析能够帮助电力公司提前发现潜在的设备故障，优化维护资源的分配，确保系统的持续稳定运行。

本节将深入探讨大数据分析在电力 CPS 中的具体应用，重点关注其如何支持预测性维护，以及大数据技术如何提升电力系统的安全性和效率。

6.3.1 大数据在电力 CPS 中的角色

电力 CPS 中的大数据不仅涵盖了物理设备的运行数据，还包括了网络通信、用户行为、环境监测等多种数据源。随着智能电网、物联网设备和自动化控制技术的普及，电力系统产生的数据量呈现出爆炸性增长。如何从这些海量数据中提取出有价值的信息，成为电力公司面临的重要挑战。

大数据技术通过整合、处理和分析这些异构数据，为电力 CPS 的优化运行和安全防护提供了基础支持。在预测性维护方面，大数据分析能够通过对设备运行状态的持续监控，提前识别潜在的设备故障，并在问题扩大之前进行预防性维护。这不仅可以大大减少设备停机时间，还能延长设备的使用寿命，降低维护成本。

（1）数据的海量性与多样性

电力 CPS 中的数据来源广泛，类型多样，包括但不限于以下几类：

①传感器数据。来自电力设备的温度、压力、电流、电压等实时监控数据。

②网络通信数据。包括控制系统与设备之间的通信数据、用户与电网的交互数据等。

③历史运行数据。设备的历史使用记录、故障日志和维护日志等。

④环境数据。如天气条件、负荷变化、能源需求等外部环境因素。

这些数据的多样性和海量性为电力系统的智能化管理提供了丰富的信息来源，但也带来了数据存储、处理和分析的巨大挑战。大数据技术通过分布式计算、并行处理和机器学习算法，能够高效地处理这些海量数据，提取出关键信息。

（2）实时性与精准性要求

电力 CPS 中的数据分析不仅要求高效处理海量数据，还需要满足实时性和精准性的要求。设备故障的发生往往具有突发性，一旦检测延迟，可能会对整个电力系统的安全性和稳定性造成严重威胁。因此，大数据技术的一个重要应用就是实现实时的设备监控与故障预测。

大数据平台能够通过流处理技术（如 Apache Flink、Kafka 等）实时处理设备传感器和网络数据，确保在故障发生前及时捕捉到相关异常信号。同时，结合精准的预测算法，系统可以为设备的维护决策提供科学依据，避免不必要的停机和维护成本。

6.3.2　预测性维护的概念与重要性

预测性维护（Predictive Maintenance，PdM）是指通过监测设备的运行状态，预测设备的剩余使用寿命和潜在故障，从而在设备发生故障之前进行维护。这种维护方式不同于传统的定期维护或事后维护，它基于数据驱动的决策，能够在设备状态出现异常时提前进行预防性处理，从而降低设备故障率和维护成本。

在电力 CPS 中，预测性维护的应用具有显著的重要性。

①减少设备故障率。通过提前发现设备潜在故障，预测性维护能够有效避免突发性设备损坏，减少停机时间，保障系统的持续运行。

②优化维护资源。传统的定期维护方式往往会导致不必要的资源浪费，而预测性维护通过精确预测设备状态，可以优化维护计划，减少不必要的维护工作。

③延长设备寿命。合理的维护计划能够延长设备的使用寿命，降低设备的更换频率，进而节省成本。

预测性维护在电力 CPS 中的应用，不仅提升了系统的运行效率，还极大降低了设备维护的复杂性与成本。

6.3.3　大数据分析在预测性维护中的应用

大数据分析是实现预测性维护的关键技术，它能够通过数据挖掘和机器学习算法，预测设备的故障趋势，并为维护决策提供依据。以下是大数据分析在预测性维护中的几大主要应用。

（1）设备健康状态监测

设备健康状态监测是预测性维护的基础。通过对设备传感器数据的实时监测，大数据分析平台能够持续跟踪设备的运行状态，并检测其是否存在异常。大数据分析可以结合时间序列模型（如 ARIMA、LSTM 等），分析设备的历史运行数据，识别出设备运行状态的变化趋势。

例如，对于变压器和发电机等关键设备，大数据平台能够通过对温度、压力、震动等传感器数据的分析，实时监测设备的健康状态。一旦发现设备的运行参数超出正常范围，系统将自动发出警报，通知运维人员进行进一步检查。

（2）故障预测与诊断

大数据分析不仅能够检测到设备的异常状态，还可以进一步预测故障发生的时间和原因。通过对设备故障历史数据的分析，大数据平台能够建立故障预测模型，预测设备的剩余使用寿命（Remaining Useful Life，RUL）和潜在故障模式。

①基于机器学习的故障预测。大数据分析平台通常会结合机器学习算法，如随机森林、支持向量机（SVM）和深度学习（DL），从设备历史运行数据中学习故障模式，并预测未来的设备故障。这些算法能够基于大量的设备数据进行训练，生成设备健康状态的预测模型。

②基于数据驱动的诊断模型。通过分析设备的故障日志和维护记录，大数据分析平台还可以建立故障诊断模型，帮助运维人员确定设备发生故障的具体原因。结合实时数据，

系统可以快速确定故障来源并提供相应的解决方案。

（3）剩余使用寿命预测

剩余使用寿命预测是预测性维护的核心目标之一。通过对设备运行状态的历史数据和实时数据进行综合分析，系统能够准确预测设备的剩余使用寿命，帮助电力公司合理安排设备的维护与更换。

例如，通过分析风力发电机组的振动、扭矩和转速等数据，大数据分析平台能够预测风机的剩余寿命，避免设备在关键时刻发生故障。此外，结合天气条件和运行环境的外部数据，系统可以更精确地调整设备的维护计划，延长设备的使用寿命。

6.3.4 大数据预测性维护的实施策略与挑战

虽然大数据分析和预测性维护在电力 CPS 中展现出巨大的潜力，但其实施过程中仍面临许多实际挑战。电力公司在应用大数据预测性维护时，需要从技术、管理、经济等多个层面协调推进，确保其有效性与可持续性。

（1）数据获取与质量问题

预测性维护依赖于高质量的大数据输入，然而在电力 CPS 的实际运行中，数据获取和管理往往面临诸多挑战。设备的传感器可能会因环境变化或故障产生数据噪声，数据丢失和不一致也会影响分析结果的准确性。此外，数据的异构性和多源性增加了数据集成的复杂性。

为了保证数据的准确性和完整性，电力公司应建立完善的数据采集和管理机制，确保传感器的定期校准和维护，减少数据噪声和丢失问题。通过部署数据清洗和预处理工具，能够有效提高数据质量，确保后续的大数据分析具有可靠的基础。

（2）数据隐私与安全问题

电力 CPS 中的数据不仅涵盖了设备运行状态，还包括了用户用电行为、负荷情况等敏感信息。大规模的数据分析可能涉及用户隐私和系统敏感信息的泄露风险，因此在实施预测性维护时，如何保障数据隐私和系统安全是一个不可忽视的问题。

采用数据加密技术、身份认证和访问控制等安全措施，能够有效保障数据在传输、存储和处理中的安全性。此外，数据匿名化和差分隐私技术也可以用于保护用户隐私，确保在进行大规模数据分析时，敏感信息不被泄露。

（3）实时性要求与计算性能限制

电力 CPS 中的预测性维护往往需要实时分析大量数据，并在设备出现异常时及时作出响应。然而，大数据分析的计算复杂性和数据处理量庞大，可能会导致系统反应速度不够快，从而影响故障预防的效果。

分布式计算和边缘计算是应对实时性要求的有效手段。通过在边缘节点（如变电站、分布式发电系统）部署轻量化的实时数据处理能力，可以减少数据传输延迟，确保设备故障的快速检测与处理。同时，利用基于 GPU 的并行计算架构可以加速大规模数据分析，提高系统的响应速度。

（4）设备多样性与数据异构性

电力 CPS 中的设备种类繁多，数据的格式和传输方式各不相同，如何将来自不同设备

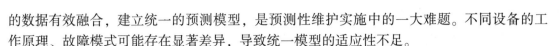

的数据有效融合，建立统一的预测模型，是预测性维护实施中的一大难题。不同设备的工作原理、故障模式可能存在显著差异，导致统一模型的适应性不足。

针对设备多样性问题，可以采用模块化的大数据分析架构，根据不同设备类型构建特定的预测模型，同时整合这些模型形成综合性预测系统。使用多模态数据融合技术，能够有效解决异构数据集成问题，实现对不同设备的数据统一处理。

大数据分析在电力 CPS 中的应用，尤其是预测性维护，正在彻底改变传统的设备管理模式。通过实时监测设备状态、分析历史运行数据并预测未来故障，电力公司能够有效提高设备的运行可靠性，减少维护成本，避免因设备故障导致的停机时间。虽然大数据预测性维护面临着数据管理、实时处理和隐私保护等挑战，但随着技术的不断发展，电力公司将在这一领域取得更多的进展。

未来，大数据分析与人工智能、边缘计算等技术的深度融合，将进一步提升电力 CPS 的智能化水平，为电力系统的安全稳定运行提供更为坚实的保障。

6.4　智能技术在安全异常检测中的应用

随着电力 CPS 规模的扩大和复杂性的提升，系统安全面临的威胁变得更加多样和隐蔽。传统的基于签名的安全检测手段在应对现代网络攻击时往往力不从心，特别是在应对高级持续性威胁（APT）、零日攻击等未知的复杂威胁时表现出局限性。因此，智能技术，特别是基于人工智能（AI）、机器学习（ML）和深度学习（DL）等先进算法的安全异常检测，正在成为电力 CPS 中安全防护的重要手段。这些技术通过分析系统中的异常行为、网络流量模式以及设备的运行状态，能够有效识别未知攻击和安全威胁。

本节将深入探讨智能技术在电力 CPS 安全异常检测中的应用，重点分析这些技术如何通过实时数据分析、自动化检测和预测性分析来提升系统的安全性，并提供实际应用案例和未来的发展方向。

6.4.1　电力 CPS 中的安全异常检测需求

电力 CPS 集成了信息系统和物理设备，广泛应用于发电、输配电、调度和终端用户等环节。在这种高度分布式的环境中，网络攻击、设备故障和内部操作失误可能引发系统异常行为，甚至导致大规模停电事故。安全异常检测是电力 CPS 中预防和缓解潜在安全威胁的关键技术之一。

（1）面对复杂网络威胁

随着网络攻击手段的不断升级，传统的防火墙和基于签名的入侵检测系统（IDS）难以识别复杂的、渐进式的攻击。安全威胁可能通过恶意软件、木马病毒、网络钓鱼和拒绝服务攻击等手段渗透到电力 CPS 的网络和设备中，造成通信中断、数据泄露甚至物理设备损毁。传统防护手段主要依赖于已知威胁特征库，而高级持续性威胁（APT）等攻击手段则往往规避这些防护。

（2）异常行为的检测需求

电力 CPS 中，设备的异常行为不仅可能是由于网络攻击引起，还可能是由于设备本身的状态变化、配置错误、传感器故障等导致。有效的异常检测技术需要能够区分正常操作和潜在威胁，提前预警可能对系统稳定性构成威胁的异常行为。

（3）实时性与自动化的要求

由于电力 CPS 对系统响应速度和稳定性要求极高，安全异常检测不仅需要在大规模数据中及时识别异常，还必须具备快速的响应和自动化处理能力。系统的实时性和自动化检测能力对于确保电力 CPS 的持续运行至关重要。

6.4.2　智能技术在安全异常检测中的应用方向

智能技术的引入显著增强了电力 CPS 中安全异常检测的效率和准确性。通过机器学习、深度学习等技术，系统能够自主学习正常行为模式，并通过异常分析识别潜在的威胁。这种技术不仅在处理已知攻击方面表现出色，还能够应对未知威胁，特别是高级持续性攻击和零日漏洞。

（1）基于机器学习的异常检测

机器学习是电力 CPS 安全异常检测的核心技术之一。它通过分析大量的历史数据和系统行为模式，构建正常操作行为的基线模型，从而识别异常模式。机器学习方法可分为监督学习、无监督学习和半监督学习，分别适用于不同的数据环境和检测需求。

①监督学习。在有标注数据集的场景中，监督学习算法（如决策树、随机森林、支持向量机等）能够通过学习正常和异常行为样本，建立分类器来区分正常和异常事件。电力 CPS 中常用的应用场景包括对网络流量的分类、设备状态变化的检测等。

②无监督学习。对于无法获得标注数据的场景，无监督学习技术，如聚类分析和自编码器（Autoencoder），可以识别与正常行为不一致的异常模式。无监督学习在处理未知攻击或零日漏洞检测时非常有效。

③半监督学习。半监督学习结合了监督和无监督学习的优势，利用少量标注数据和大量未标注数据进行训练，适用于电力 CPS 中数据标注不全的复杂场景。

（2）深度学习与神经网络

深度学习（DL）技术在大规模数据分析和复杂模式识别方面表现出色，尤其适合电力 CPS 中高维度数据的处理。卷积神经网络（CNN）和递归神经网络（RNN）等深度学习模型可以通过自动特征提取和模式匹配，在网络流量、设备日志和传感器数据中识别潜在的威胁。

①卷积神经网络（CNN）。CNN 适用于处理二维结构化数据，通常用于图像识别领域，但也被成功应用于网络流量数据的异常检测。通过对网络包数据的特征提取，CNN 能够识别恶意流量模式。

②递归神经网络（RNN）与长短期记忆网络（LSTM）。RNN 和 LSTM 适用于处理时间序列数据。在电力 CPS 中，设备的运行状态和网络通信具有时间连续性，RNN 和 LSTM 能够学习这些时间序列模式，并检测出异常趋势，如突然的负荷波动或设备运行异常。

（3）基于异常检测的入侵检测系统（IDS）

智能技术为传统的入侵检测系统（IDS）注入了新的活力。传统的 IDS 依赖于已知攻击签名，而基于异常检测的 IDS 则利用机器学习和深度学习技术，能够检测出未知攻击或复杂的混合攻击。例如，使用深度学习构建的 IDS 可以通过分析大量网络通信数据，实时识别复杂的网络攻击模式。

①基于特征的 IDS。智能 IDS 通过提取网络流量中的重要特征，如包大小、传输速率、协议类型等，使用机器学习模型进行分类。这种方法有效提升了系统应对复杂网络攻击的能力。

②基于行为的 IDS。通过对网络和系统的正常行为建模，基于行为的智能 IDS 能够检测出不符合正常操作模式的异常行为，并及时发出警报。这种方法尤其适用于防御高级持续性威胁（APT），因为 APT 攻击往往通过渐进渗透来规避传统检测手段。

（4）自适应安全检测系统

自适应安全检测系统（Adaptive Security Detection Systems）是智能技术应用的一个重要方向。自适应安全检测系统可以通过不断学习和调整，动态适应电力 CPS 的环境变化。随着时间推移，电力 CPS 的设备状态、负荷模式、网络拓扑等都会发生变化，而传统静态安全系统往往无法适应这些变化。通过引入自适应学习算法，安全系统可以动态调整其检测参数和模型，确保系统的防护能力始终处于最佳状态。

6.4.3　智能异常检测的技术挑战

尽管智能技术在电力 CPS 的安全异常检测中展现出了巨大的潜力，但在实际应用中仍然面临一些技术挑战。以下是一些主要的挑战及其应对策略。

（1）数据质量与获取问题

异常检测系统的效果高度依赖于数据的质量，而电力 CPS 中的数据来源广泛，可能会受到传感器故障、数据丢失和噪声的影响。低质量的数据不仅会降低模型的精度，还可能导致误报或漏报问题。

为了应对这一挑战，电力公司应建立严格的数据管理流程，确保数据采集设备的质量和稳定性。利用数据预处理技术，如数据清洗、异常值检测和噪声过滤，可以提高数据集的一致性和准确性。此外，结合数据增强技术（Data Augmentation），可以在不增加采集成本的情况下增强训练数据集的多样性和覆盖范围。

（2）实时性与资源约束

电力 CPS 中的安全异常检测系统需要实时处理大量数据，并迅速作出响应。然而，复杂的机器学习和深度学习模型往往需要高计算能力和存储资源，而电力 CPS 中的边缘设备和传感器节点往往受到资源的限制。

通过引入边缘计算和分布式计算架构，可以将部分数据处理和分析任务分散到边缘节点上，减轻中心服务器的计算负担。此外，采用模型压缩技术（如剪枝、量化）和轻量化神经网络（如 MobileNet）可以有效降低模型的计算复杂度，使其适应电力 CPS 的资源限制。

（3）模型的可解释性与信任问题

电力 CPS 中的异常检测系统不仅需要检测威胁，还必须解释其决策过程，以便系统管理员能够对检测结果进行验证和理解。然而，深度学习模型往往被视为"黑箱"，缺乏足够的可解释性，特别是在作出关键安全决策时，决策的透明性显得尤为重要。

为了解决模型的可解释性问题，近年来"可解释 AI"（XAI）技术得到了广泛的关注。通过 XAI，系统管理员可以获得对模型决策的更深刻理解，包括异常检测的关键特征、数据模式以及具体的威胁路径。这有助于提高模型的可信度，并在系统需要调整或紧急响应时提供决策支持。

（4）模型的自适应与鲁棒性

电力 CPS 中的环境变化多端，设备故障、网络拓扑变化或新型攻击手段的出现，都会影响系统的安全性。传统的静态模型难以适应动态变化的环境，导致其对新的威胁反应迟钝。

引入自适应学习算法，使安全异常检测系统能够动态更新其模型，适应系统环境的变化。通过在线学习（Online Learning）技术，系统可以在运行过程中不断更新其检测模型，确保对新出现的威胁和设备行为变化保持敏感。此外，使用对抗训练（Adversarial Training）可以增强模型的鲁棒性，抵御攻击者的对抗样本攻击。

智能技术的引入为电力 CPS 中的安全异常检测提供了强大的支持，特别是在应对复杂网络攻击和设备故障时，机器学习、深度学习等技术展现出了强大的威胁识别能力。通过智能技术，系统不仅能够在海量数据中及时发现异常，还能够自动化执行防护和响应策略，确保系统的安全性和稳定性。

尽管智能异常检测技术在电力 CPS 中已经取得了显著的成效，但仍然面临数据质量、实时性、可解释性等技术挑战。随着边缘计算、联邦学习、区块链和量子计算等新兴技术的逐步引入，未来电力 CPS 的安全异常检测系统将更加智能化和自动化，进一步提高系统的整体防护能力。

在智能技术的推动下，电力 CPS 的安全防护能力得到了显著提升。然而，随着系统中数据的高度数字化和网络化，保护用户的隐私同样变得至关重要。数据隐私保护不仅关系到用户个人信息的安全，也直接影响到电力系统的整体稳定性和信任度。因此，深入探讨电力 CPS 中的数据隐私保护技术与策略，将有助于构建更全面的安全防护体系。接下来，第 7 章将详细分析电力 CPS 中数据隐私保护的重要性、面临的挑战以及现有的保护技术，以确保在提升系统安全性的同时，也维护用户的隐私权利。

第 7 章　电力 CPS 中的隐私保护

在电力 CPS 中，数据不仅是系统安全的重要组成部分，也是需要重点保护的资源。本章将探讨电力 CPS 中数据隐私保护的必要性与挑战，介绍当前广泛应用的隐私保护技术，如加密、匿名化及访问控制等。通过分析这些技术的实际应用及其在系统中的重要性，帮助读者理解如何有效保护用户和企业的敏感信息，确保系统的数据安全。

7.1　电力 CPS 数据隐私保护的重要性

随着电力 CPS 在电力行业中的广泛应用，数据隐私保护问题日益引起关注。电力 CPS 通过集成信息技术、物联网设备和物理基础设施，收集并处理海量数据。这些数据不仅涵盖了设备运行状态、控制信号和系统负荷，还包括了用户的用电行为、消费习惯等敏感信息[115]。电力 CPS 中数据的高度数字化和网络化，使隐私泄露的风险大大增加，因此，如何有效保护电力 CPS 中的数据隐私，成为当今电力系统安全防护中至关重要的课题。

本节将从电力 CPS 的隐私保护需求出发，详细探讨数据隐私保护的重要性、面临的主要威胁，以及隐私泄露给用户和电力系统整体运行带来的潜在风险。

7.1.1　数据隐私保护的定义与背景

数据隐私保护是指对系统中收集、存储、处理和传输的数据进行保护，以防止未授权的访问、泄露、篡改和滥用。电力 CPS 中的数据不仅涉及物理设备的运行信息，还包括用户用电数据、智能电表读数、设备配置和维护记录等。这些数据在支撑电力系统运行的同时，也带有极高的敏感性。

电力系统中的智能化和数字化技术，如智能电网（Smart Grid）和物联网（IoT）设备，使电力 CPS 中生成的数据种类和数量呈现爆炸式增长。智能电表能够实时采集并传输用户的用电信息，通过这些数据可以精确推断用户的日常生活习惯、家用设备的运行状态，甚至用户的经济状况。对于个人用户而言，电力数据泄露不仅会导致隐私侵犯，还可能成为黑客进行恶意活动的工具[116]。

此外，电力 CPS 中的设备数据也非常敏感，如输电设备的负荷状态、发电机组的运行数据等。这些数据一旦遭到泄露或篡改，可能直接影响电力系统的稳定性，甚至引发大规模电网事故。因此，保护电力 CPS 中的数据隐私，不仅是保障个人隐私权利的必要手段，也是维护国家电力安全的重要环节。

7.1.2 电力 CPS 中数据隐私保护的重要性

在现代电力系统的运行中，数据隐私保护的重要性体现在多个方面，特别是在保护用户信息、保障电力系统安全性、遵守法律法规以及促进公众信任等方面。

（1）保护用户隐私

电力 CPS 中收集的大量用户数据，特别是智能电表和智能家居系统产生的数据，直接反映了用户的用电模式、生活习惯和经济活动等敏感信息。如果这些数据被未授权的第三方访问或利用，可能导致个人隐私的严重侵犯。例如，恶意攻击者可以通过分析用户的用电数据推断出用户是否在家、家庭的作息时间，甚至推测出家庭中的电器种类和使用频率。这些信息可能被用于非法活动，如针对家庭的入室盗窃等。

（2）保障电力系统的安全与稳定

电力 CPS 中的数据不仅关系到用户的隐私安全，还涉及电力系统的整体运行稳定性。例如，发电厂、变电站和输配电网的设备运行数据一旦遭到篡改或泄露，可能导致电力系统的失控，影响电网的正常供电能力，甚至引发大规模电力中断事故。

针对电力 CPS 的网络攻击和数据泄露事件近年来呈现上升趋势。攻击者可以通过窃取或篡改电力系统中的敏感数据，对系统运行造成严重干扰，影响电力调度和能源分配。特别是在电力系统的关键基础设施（如变电站、发电厂）中，数据的安全性直接关系到国家的电力安全和经济运行的稳定。

（3）符合法律法规要求

在全球范围内，越来越多的国家和地区开始通过法律法规对个人数据隐私保护提出明确要求。例如，欧盟的《通用数据保护条例》（GDPR）对用户数据的收集、存储和处理方式进行了严格规定，要求企业必须采取措施保护用户数据免受泄露。中国也通过了《中华人民共和国网络安全法》《中华人民共和国数据安全法》等法律，强化了对关键基础设施和个人数据的保护。

电力 CPS 作为关键基础设施运营者，必须符合相关的法律法规要求，确保在系统运营过程中对用户数据和系统敏感数据进行有效保护。一旦违反这些法律法规，电力公司不仅可能面临高额罚款，还将受到声誉损害和法律诉讼的困扰。

（4）增强用户信任与电力系统智能化的推广

电力 CPS 的智能化发展离不开用户数据的收集和分析。通过大数据技术分析用户的用电模式，电力公司可以实现智能负荷调度、需求响应等智能化功能。然而，用户对电力CPS 数据隐私保护的担忧可能会成为智能电网和物联网设备普及的障碍。只有在确保数据隐私得到有效保护的前提下，用户才会信任电力系统并愿意与其分享用电数据，推动智能电网技术的进一步发展。

通过制定明确的数据隐私保护政策，电力公司可以提升用户对系统的信任度，促进智能电表、智能家居等智能设备的普及应用，为智能电网和电力 CPS 的发展奠定基础。

7.1.3 电力 CPS 中面临的主要隐私威胁

尽管电力 CPS 的数据隐私保护越来越受到重视，但随着电力系统的智能化、数字化和互联化发展，数据隐私面临的威胁也日益复杂。以下是电力 CPS 中数据隐私面临的主要威胁。

（1）网络攻击与数据泄露

电力 CPS 中的数据通过网络传输和存储，网络攻击者可以通过入侵电力公司的信息系统、控制系统或智能设备，窃取用户和设备的敏感数据。网络攻击的手段包括恶意软件、勒索软件、拒绝服务攻击（DoS）、钓鱼攻击等。一旦数据泄露，攻击者可以利用窃取的数据进行恶意活动，或在暗网中出售用户信息。

（2）数据滥用与不当共享

电力 CPS 中的数据隐私威胁不仅来自外部攻击者，也可能源于电力公司内部的滥用或不当共享。电力公司收集的大量用户数据和设备运行数据可能被用于未经授权的目的，例如用于商业广告、市场分析，或与其他公司共享用户信息，而这些行为可能侵犯用户的隐私权。

（3）第三方供应商风险

随着电力 CPS 的外包和云计算的应用，越来越多的数据被托管在第三方供应商处。第三方供应商的安全防护能力参差不齐，存在数据泄露和滥用的风险。一旦第三方供应商的数据存储或处理环节出现漏洞，电力 CPS 中的用户和设备数据可能面临更高的隐私泄露风险。

（4）设备安全漏洞

电力 CPS 中的物联网设备和智能电表等终端设备由于计算资源有限，通常缺乏完善的安全防护措施，容易成为攻击的目标。攻击者可以通过破解设备的通信协议、利用设备漏洞等方式获取敏感数据。特别是在智能家居设备中，攻击者能够通过入侵智能家电系统，获取用户的隐私数据甚至控制设备的操作。

7.1.4　数据隐私泄露的影响与后果

电力 CPS 中数据隐私的泄露不仅会对用户的隐私权造成侵犯，还可能对电力系统的稳定性、经济运行和社会信任造成广泛的负面影响。以下是数据隐私泄露带来的主要后果。

（1）用户隐私权的侵害

用户数据泄露后，个人的隐私信息可能被非法使用或贩卖，导致用户的日常生活受到干扰。例如，攻击者可以利用用户的用电数据推断出用户的生活习惯，进而实施针对性的欺诈或入侵行为。这种隐私权的侵害不仅会给用户带来生活不便，还可能导致个人财产损失。

（2）电力系统的安全风险

电力 CPS 中的数据隐私泄露还可能危及系统的运行安全。如果攻击者通过网络攻击获取了电力系统的关键设备数据或控制信号，他们可能会发起更具破坏性的攻击，导致设备故障或供电中断事故。例如，攻击者获取了变电站、发电站的运行数据后，可能通过发起物理攻击或网络攻击，导致设备超负荷运转、传输线路中断，进而引发区域性停电甚至大规模电网故障。这种情况下，数据隐私泄露不仅仅是个人隐私问题，还直接威胁到社会的基础设施安全。

（3）企业声誉与经济损失

电力公司一旦发生数据泄露事件，不仅会面临来自政府监管机构的调查，还可能因用户隐私泄露而失去公众信任，影响企业声誉。在现代社会，公众对企业的数据隐私保护能力有着较高的期望，一旦隐私泄露事件发生，用户可能转向更具信任度的电力供应商，从而造成经济损失。

同时，电力公司还可能因为未能履行隐私保护义务而面临高额罚款。例如，欧盟《通用数据保护条例》（GDPR）规定，任何因隐私泄露而违反该法规的企业，可能面临最高达全球年营业额4%的罚款。因此，电力公司需要为可能的隐私泄露事件付出高昂的代价。

（4）社会信任的崩溃

电力CPS作为国家关键基础设施，其数据隐私保护不仅关乎个人隐私，更关系到社会公共安全。一旦电力系统中的数据隐私保护措施被攻破，公众对整个电力系统的信任可能崩溃。这种信任危机将严重影响智能电网技术、智能电表普及以及电力系统智能化转型的进程。

数据隐私泄露事件还可能引发广泛的社会恐慌，特别是在涉及电力系统安全和供电稳定时，公众往往对安全事件反应敏感。一旦公众失去对电力系统的信任，可能导致系统运行效率的下降，甚至影响社会的正常秩序。

7.1.5 数据隐私保护的核心原则

为了应对电力CPS中数据隐私泄露带来的各种威胁和后果，电力公司在制定隐私保护策略时应遵循一系列核心原则。这些原则确保在收集、处理、存储和传输数据的过程中，能够最大程度地减少数据隐私泄露的风险。

（1）数据最小化原则

数据最小化是指在数据收集和处理过程中，电力公司应仅收集为实现其业务目标所必需的最小数据量。通过减少不必要的数据收集，可以有效降低数据泄露的风险。例如，在智能电网数据采集过程中，电力公司可以通过对数据进行聚合处理，减少对个体用户行为的追踪，降低隐私泄露的可能性。

（2）透明性与用户知情权

电力公司应明确告知用户其收集哪些数据、如何使用这些数据，以及如何保护用户数据的隐私。通过透明的信息披露和用户知情权保护，用户可以对电力公司的隐私保护策略有充分的了解，从而增强对电力系统的信任。

此外，用户应拥有对自身数据的控制权，包括访问数据、修改数据和删除数据的权利。这有助于防止数据滥用并确保用户的隐私得到尊重。

（3）数据匿名化与去标识化

电力公司可以通过数据匿名化与去标识化技术，在保护数据隐私的同时，继续利用数据进行分析和优化业务。匿名化技术通过去除数据中的个体标识，使攻击者无法通过数据关联具体的用户，减少隐私泄露的风险。去标识化则允许在数据分析过程中隐藏用户的真实身份，以便在进行大规模数据处理时，减少对个人隐私的侵犯。

（4）安全存储与传输

在电力 CPS 的数据隐私保护中，确保数据的安全存储与传输是核心任务之一。数据存储过程中，电力公司应使用先进的加密技术确保敏感数据无法被未经授权的访问者读取。此外，在数据传输环节，使用安全传输协议（如 TLS/SSL）和端到端加密（E2EE）可以有效防止数据在传输过程中被截获或篡改。

（5）数据访问控制

电力公司应对用户数据和设备数据的访问进行严格的权限管理，确保只有经过授权的人员和系统能够访问敏感数据。基于角色的访问控制（Role-Based Access Control，RBAC）是一种常见的访问控制策略，通过对不同角色分配不同的数据访问权限，确保敏感数据不会被未授权人员误用或滥用。

数据隐私保护在电力 CPS 中的重要性不仅体现在用户隐私的保障上，更关系到电力系统的安全与稳定。随着电力 CPS 的智能化和互联化进程加快，数据隐私面临的威胁也更加复杂，电力公司需要在数据保护方面采取更加严密的措施。通过遵循数据最小化、透明性、匿名化、安全存储和访问控制等核心原则，电力公司能够在实现智能化转型的同时，有效防范数据隐私泄露，提升公众对系统的信任。

未来，随着大数据、人工智能、区块链等新兴技术的发展，电力 CPS 的数据隐私保护将迎来更多的机遇和挑战。电力公司需要不断更新和完善其隐私保护策略，以应对日益复杂的网络威胁和数据隐私需求。这不仅是保障用户隐私的必要措施，也是确保电力系统持续稳定运行的关键因素。

7.2　加密技术在电力系统中的应用

随着电力 CPS 的数字化和智能化进程的加速，网络安全和数据隐私问题变得愈发重要。在电力系统中，加密技术作为保障数据安全和隐私的重要手段，能够有效地防止未经授权的访问、数据泄露和恶意攻击。电力 CPS 中的数据不仅涵盖了物理设备的运行状态、控制指令，还包括了用户用电行为、设备配置以及调度信息等敏感内容。通过加密技术，电力系统可以确保数据在存储、传输和处理过程中的机密性、完整性和可用性。

本节将详细探讨加密技术在电力 CPS 中的应用，包括加密技术的基本原理、适用于电力系统的加密技术种类、加密技术在不同层次中的具体应用场景，以及未来加密技术发展的趋势。

7.2.1　加密技术的基本原理

加密技术是通过使用算法将明文数据转换为密文数据，从而保护数据在传输或存储过程中免受未授权访问的过程。只有持有解密密钥的授权实体才能将密文还原为明文。加密的主要目的是确保数据的机密性，同时保护数据的完整性和身份认证。

加密技术可以分为两大类：对称加密和非对称加密。

（1）对称加密

在对称加密中，数据的加密和解密使用的是相同的密钥。这种方法的优点是加密和解密过程相对较快，适用于处理大规模数据的场景。然而，对称加密面临的挑战是如何安全地分发和管理密钥，尤其是在复杂分布式系统中。

（2）非对称加密

非对称加密使用公钥和私钥对。公钥用于加密数据，而私钥用于解密数据。非对称加密的优点在于密钥管理更为安全，因为公钥可以公开发布，而私钥则保持私密。非对称加密广泛应用于身份认证、数字签名和密钥交换等场景。

7.2.2　电力 CPS 中适用的加密技术种类

在电力 CPS 中，加密技术的应用范围非常广泛，从设备通信、数据传输到用户隐私保护，涵盖了多个层次的安全需求。根据不同的应用场景，常用的加密技术包括对称加密、非对称加密、哈希函数与数字签名等。

（1）对称加密

对称加密技术广泛应用于电力 CPS 中需要快速处理的大规模数据传输场景，如传感器数据、控制指令和设备状态信息等。对称加密算法速度较快，适合处理高频次的数据流。

下面对对称加密技术的应用场景和挑战进行简要介绍。

①应用场景。在智能电网的通信系统中，电力设备与控制中心之间需要频繁交换数据，如负荷信息、设备状态报告等。为了防止这些数据在传输过程中被窃取或篡改，系统可以采用 AES（Advanced Encryption Standard）等对称加密算法对数据进行加密。

②挑战。对称加密面临的主要挑战在于密钥分发和管理。由于所有参与通信的节点都使用相同的密钥，因此一旦密钥泄露，整个通信链路的数据安全性将受到威胁。因此，电力 CPS 需要引入密钥管理系统，确保密钥的安全分发和定期更新。

（2）非对称加密

非对称加密技术通常用于电力 CPS 中的身份认证和密钥交换场景。通过公钥和私钥的机制，非对称加密确保只有合法的设备或用户才能解密和读取敏感数据。

下面对非对称加密技术的应用场景和优点进行简要介绍。

①应用场景。在电力 CPS 的远程终端访问控制中，非对称加密常用于认证通信双方的身份。比如，在远程监控系统中，电力公司需要确保只有授权用户才能访问和控制远程设备。通过 RSA 算法或 ECC（椭圆曲线加密）等非对称加密技术，系统能够对用户进行身份验证，并加密传输的控制指令，防止恶意攻击者假冒合法用户。

②优点。非对称加密技术的一个重要优势在于公钥的公开性。与对称加密不同，非对称加密无须在通信双方之间安全地分发密钥，公钥可以公开，私钥则用于解密数据。

（3）哈希函数与数字签名

哈希函数是一种将任意长度的输入映射为固定长度输出的加密算法，常用于数据完整性校验。数字签名结合了哈希函数和非对称加密技术，能够提供身份认证和数据完整性验证。

在电力 CPS 中，数字签名技术广泛用于保护关键设备的控制指令和传感器数据，确保数据在传输过程中未被篡改。控制中心可以对下发给远程设备的指令进行数字签名，远程设备收到指令后，可以使用控制中心的公钥验证指令的合法性，从而避免恶意攻击者发出伪造指令。

哈希函数广泛应用于数据完整性校验。例如，在智能电网的数据存储系统中，哈希值可以用于验证存储数据是否在传输过程中发生变化，确保数据的一致性。

7.2.3　加密技术在电力 CPS 各层的应用

电力 CPS 中的数据流覆盖了物理层、网络层、数据层和应用层等多个层次。不同层次的加密技术应用需求有所不同，电力系统可以根据各层次的安全需求，选择合适的加密方法。

（1）物理层的加密

在电力 CPS 的物理层，数据主要由物联网设备、传感器和执行器生成。这些设备通常具有较低的计算和存储能力，因此需要轻量化的加密方案。

物联网设备之间的数据传输需要加密，以防止数据在传输过程中被窃听或篡改。由于设备资源有限，轻量级加密算法，如加密算法 TLS（传输层安全协议）等，可以提供较好的安全性，同时不会增加设备的计算负担。

在物理层，由于设备通常面临资源受限问题（如电力、计算能力），需要在安全性和性能之间找到平衡点。如何在不显著增加计算开销的情况下，确保数据的安全性，是物理层加密的核心挑战。

（2）网络层的加密

电力 CPS 的网络层涉及大量的数据传输和通信，如控制信号、负荷数据和用户用电信息。网络层的安全性直接关系到数据的传输安全，确保通信链路中的数据不会被攻击者拦截或篡改。

在智能电网的通信网络中，网络层加密技术可以确保设备之间的安全通信。使用 VPN（虚拟专用网络）和 IPSec（Internet Protocol Security）等加密技术，电力公司可以保护远程通信网络中的数据，防止黑客入侵和数据窃取。

网络层加密技术需要在传输速度和安全性之间找到平衡。过高的加密强度可能会降低数据传输效率，尤其是在实时性要求较高的控制系统中。

（3）数据层的加密

电力 CPS 中的数据层包含了系统运行的核心数据，如设备配置、用户用电数据、负荷调度信息等。数据层的加密不仅需要保障数据的机密性，还要防止数据在存储和处理过程中被篡改。

在数据存储和备份过程中，电力公司可以使用加密存储技术（如硬盘加密、数据库加密）确保敏感数据的安全。例如，针对用户用电行为数据，电力公司可以通过数据加密技术防止数据泄露，并保护用户隐私。

在数据层中，尤其是在大数据处理场景下，加密技术面临处理效率和存储空间的挑战。如何在保证数据安全的同时，维持系统的高效运行，是数据层加密需要解决的问题。

（4）应用层的加密

电力 CPS 的应用层涉及用户接口、调度系统和控制中心等核心功能。应用层加密技术用于保护应用程序之间的数据交换，防止应用层攻击（如中间人攻击、伪造身份攻击等）。

在电力公司的调度系统和远程控制应用中，电力系统调度中心和远程监控系统等关键应用需要保障数据的安全传输。在这些应用中，系统与远程设备之间的数据传输涉及关键控制信号、设备状态数据等敏感信息。通过应用层的加密技术，如 SSL/TLS 协议，电力公司可以确保数据在应用层的传输安全，防止中间人攻击（Man-in-the-Middle Attack）和身份冒用。

应用层的加密技术需要与用户体验和系统性能相平衡。过度加密可能导致系统响应延迟，影响用户使用体验和关键任务的执行。因此，在应用层加密中，选择合适的加密算法和策略是关键。

7.2.4　加密技术在电力 CPS 中应用的挑战

虽然加密技术能够为电力 CPS 提供重要的安全保障，但其实施过程中仍然面临一些挑战。这些挑战不仅来自技术层面，还包括管理和操作层面的复杂性。

（1）加密计算的性能开销

电力 CPS 中大量的设备和传感器需要频繁进行数据通信，而加密和解密过程通常会占用计算资源。特别是在资源有限的嵌入式设备中，使用复杂的加密算法可能会导致设备的性能下降，影响系统的整体运行效率。如何在不影响系统性能的前提下，合理部署加密技术，是加密应用中的核心挑战之一。

（2）密钥管理的复杂性

无论是对称加密还是非对称加密，密钥的安全管理都是加密技术能否成功实施的关键。电力 CPS 中的设备数量庞大，如何安全地生成、分发、存储和更新密钥是一个极具挑战性的问题。一旦密钥被泄露，整个系统的加密防护就会形同虚设。密钥管理系统需要具备高效的密钥生成和更新机制，同时防止密钥在传输和存储过程中被窃取。

（3）设备异构性与加密方案的适应性

电力 CPS 中的设备种类繁多，涵盖了从高性能服务器到低功耗传感器的各种设备。这些设备在计算能力、存储容量和电力消耗方面存在巨大差异，因此难以采用统一的加密策略。高性能设备可以使用复杂的加密算法，如 RSA 或 ECC，而低功耗设备则需要使用轻量级的加密算法，如轻量级 AES 或基于流密码的加密技术。这种设备异构性要求电力 CPS 在设计加密方案时具有灵活性和可扩展性。

（4）合规性与标准化要求

电力 CPS 作为关键基础设施，其加密技术的使用必须符合相关的安全标准和法规。全球范围内针对数据隐私和网络安全的法律法规日益严格，如欧盟的《通用数据保护条例》（GDPR）、美国的《关键基础设施保护框架》（CIP）等。这些法规对加密算法的选择、密钥长度和加密实施方式都提出了严格要求。电力公司在选择加密技术时，不仅要考虑技术可行性，还必须确保加密方案符合当地的法律和行业标准。

加密技术在电力 CPS 中的应用对于保护数据隐私和系统安全至关重要。随着电力系统智能化和互联化的发展，电力 CPS 中的数据传输、存储和处理环节越来越依赖于加密技术来防止未经授权的访问和恶意攻击。通过使用对称加密、非对称加密、哈希函数和数字签名等多种加密手段，电力公司能够有效保障数据的机密性、完整性和可用性。

然而，加密技术的应用仍然面临诸多挑战，包括密钥管理的复杂性、设备异构性带来的适应性问题以及系统性能开销等。未来，随着轻量级加密、后量子加密和同态加密等新技术的发展，电力 CPS 的加密保护能力将进一步提升，为系统的安全运行和用户隐私保护提供更加完善的解决方案。

通过持续优化加密技术的应用，电力公司将能够在保持系统高效运行的同时，确保数据安全与隐私不受威胁，从而为电力系统的智能化和数字化转型奠定坚实基础。

7.3　数据匿名化在电力系统中的应用

随着电力 CPS 的迅速发展，电力系统中的数据处理和传输呈现出爆炸式的增长。电力 CPS 中广泛使用的智能电表、传感器和自动化设备会产生大量用户行为数据、设备运行数据和网络通信数据。尽管这些数据为电力系统的优化和调度提供了丰富的信息，但同时也带来了严重的隐私风险。特别是在智能电网中，用户的用电行为数据一旦被泄露或滥用，不仅可能侵犯个人隐私，还可能威胁到用户的安全。因此，数据匿名化技术成为电力 CPS 中保护用户隐私和数据安全的有效手段之一。

本节将详细探讨数据匿名化的基本原理、在电力系统中的应用场景、常用的匿名化技术，以及在实际应用中的挑战与解决方案，最后展望数据匿名化技术在电力 CPS 中的未来发展。

7.3.1　数据匿名化的基本原理

数据匿名化是通过去除或模糊化个人标识信息，使数据无法直接关联到特定个人的过程。数据匿名化的主要目标是确保数据在分享和使用过程中，能够提供统计分析和预测能力的同时，最大程度地保护个人隐私。匿名化技术可以对数据中的直接标识符（如姓名、地址、身份证号等）和间接标识符（如用电习惯、消费行为等）进行处理，以确保数据使用者无法轻易推断出个人身份。

数据匿名化的实现方式多种多样，常见的方法包括数据遮盖（Masking）、伪匿名化（Pseudonymization）、泛化（Generalization）和扰动（Perturbation）等。每种方法的应用场景和效果各有不同，电力公司可以根据具体需求选择适当的匿名化策略。

7.3.2　电力系统中数据匿名化的必要性

在电力 CPS 中，用户数据和设备数据的隐私保护至关重要，尤其是在智能电网中，数据匿名化对保护用户隐私、确保数据安全，以及提高用户信任度具有重要意义。以下是电力 CPS 中数据匿名化的几大重要性。

（1）保护用户隐私

智能电网中的智能电表可以实时收集用户的用电数据。这些数据不仅反映了用户的能源消费模式，还可以揭示用户的日常生活习惯和家庭成员活动情况。如果没有适当的隐私保护措施，攻击者可以通过分析用电数据推测出用户的在家时间、使用的家电设备类型，甚至推断出经济状况和生活方式。因此，数据匿名化能够有效防止这些信息的泄露，保护用户隐私。

（2）满足合规性要求

全球各国和地区对数据隐私的法律监管日益严格，如欧盟的《通用数据保护条例》（GDPR）和中国的《中华人民共和国数据安全法》。这些法律要求企业在收集和处理用户数据时，必须采取严格的隐私保护措施，确保用户数据的匿名化或伪匿名化。电力公司通过实施数据匿名化技术，不仅能够遵守相关法律法规，还能够降低因数据泄露带来的法律风险。

（3）保障数据共享与分析的安全性

电力系统的数据分析和共享对系统优化和智能调度起着至关重要的作用。例如，电力公司需要分析用户的用电行为模式，预测未来的电力需求，并据此优化电力调度。然而，数据共享带来了隐私泄露的风险。数据匿名化技术可以确保在数据共享过程中，用户的敏感信息得到有效保护，同时不影响数据分析的精度。

7.3.3 数据匿名化技术在电力 CPS 中的应用场景

数据匿名化技术在电力 CPS 中的应用场景十分广泛，尤其是在智能电网、能源管理和大规模数据分析等领域，匿名化技术扮演着重要角色。

（1）智能电网中的用户数据保护

智能电网依赖于大量用户数据的实时采集和分析，智能电表能够记录用户的实时用电情况、负荷曲线和用电习惯。这些数据对于优化电力分配、实现需求响应具有重要作用。然而，在数据采集和传输过程中，用户隐私面临着泄露风险。通过对用户用电数据进行匿名化处理，电力公司可以在保持数据分析价值的同时，确保用户隐私不会受到侵犯。

（2）能源管理中的数据匿名化

电力公司通常会与第三方能源管理公司或政府部门共享部分数据，以实现能源管理的优化和政策制定。在这种数据共享的过程中，电力 CPS 中的设备数据和用户数据需要进行匿名化处理，以防止第三方通过数据关联技术推断出用户身份或设备的运行状态。例如，电力公司可以使用数据泛化或扰动技术，模糊化具体用户的详细用电数据，从而实现能源管理中的隐私保护。

（3）大规模数据分析中的匿名化

电力 CPS 的优化和调度依赖于大规模的数据分析和建模，例如预测电力负荷、优化发电和输配电网络等。这些分析通常需要整合来自多个区域和不同类型的设备数据。在进行大规模数据分析时，电力公司可以通过数据匿名化技术去除或模糊掉个人标识信息，确保分析的安全性和隐私性。

7.3.4　常用的数据匿名化技术

根据电力 CPS 的不同应用需求，数据匿名化的实现方式多种多样。以下是几种常用的匿名化技术及其在电力系统中的应用。

（1）数据遮盖（Masking）

数据遮盖是指通过用随机字符或特定符号替换数据中的敏感信息，使数据无法直接关联到具体的个人。例如，电力公司可以将智能电表数据中的用户 ID、地址等信息进行遮盖，确保在进行数据分析时无法还原具体用户的身份。

数据遮盖适用于电力公司向第三方传输用户数据的场景。例如，电力公司需要与外部分析机构共享数据以进行需求响应分析时，可以通过数据遮盖技术隐藏用户的身份信息，确保隐私安全。

（2）伪匿名化（Pseudonymization）

伪匿名化是一种通过替换直接标识符来模糊化个人信息的技术。与完全匿名化不同，伪匿名化的数据仍然可以通过特定途径还原，例如通过保存的密钥映射恢复身份。伪匿名化适用于需要数据可追溯但不希望暴露个人身份的场景。

在电力公司内部进行数据分析时，可能需要追踪某些用户的长期用电行为以优化服务或检测异常情况。伪匿名化可以确保在数据分析的过程中，用户身份不被暴露，但仍可以在必要时进行身份恢复。

（3）泛化（Generalization）

泛化是一种通过将详细的个人信息转换为较为模糊的分类信息的技术。例如，将用户的具体居住地址泛化为某个区域，或者将用电量精确值泛化为某个范围。通过泛化技术，可以有效减少数据中的个体特征，降低隐私泄露的风险。

在电力需求预测或区域用电优化分析中，电力公司可以使用泛化技术将具体的用户用电数据聚合为区域性数据，以进行宏观预测和分析，避免过度精确的数据导致隐私泄露。

（4）扰动（Perturbation）

扰动技术通过在原始数据中加入随机噪声或对数据进行微调，使数据难以被反向推断出个人身份。扰动技术适用于大规模数据集的处理，特别是当需要保护数据的精确性但又不希望泄露个人隐私时，扰动技术能够提供较好的平衡。

在电力公司进行负荷调度优化时，扰动技术可以用于处理大量的用户用电数据。通过在数据中加入少量随机噪声，确保分析模型仍然具有较高的准确性，同时保护用户隐私。

7.3.5　匿名化在电力 CPS 中应用的挑战

尽管数据匿名化技术在电力 CPS 中的应用日益广泛，但其实施过程中仍然面临一系列挑战。这些挑战不仅来自技术层面，还涉及隐私保护与数据可用性之间的平衡。

（1）隐私保护与数据实用性之间的平衡

数据匿名化技术在保护隐私的同时，可能会影响数据的可用性和精确性。例如，泛化和扰动技术通过模糊化和添加噪声后，可能导致数据失去一定的精确度，影响分析结果的准确性。例如，当电力公司使用泛化技术将具体的用户用电量转换为某个范围时，虽然降低了隐私泄露的风险，但也可能导致预测模型对负荷需求的分析结果偏差。因此，在实际应用中，电力公司需要在隐私保护与数据实用性之间找到一个平衡点，既要确保隐私的安全，又要保证数据在电力调度和优化中的有效性。

（2）数据重识别攻击的风险

尽管数据匿名化技术能够有效保护用户隐私，但并不能完全消除数据重识别（Re-identification）攻击的风险。攻击者可能通过其他外部数据源，结合匿名化数据，推测出数据中的个体身份。例如，即使电力公司对用户数据进行了匿名化处理，攻击者依然可能通过用户的用电模式与其他公开数据进行匹配，从而重新识别出用户的身份。为应对这种威胁，电力公司需要进一步增强数据保护的多层次防护措施，如多重匿名化和动态匿名化策略。

（3）匿名化技术的性能开销

数据匿名化技术在大规模数据处理场景中，可能会带来一定的性能开销。对于电力CPS这样一个实时性要求较高的系统来说，如何在不显著增加处理延迟的情况下，应用有效的匿名化技术是一个重要挑战。尤其是在涉及实时数据流处理时，如智能电表的用电数据实时上传，系统需要能够快速完成匿名化操作，同时确保不影响整体数据分析和调度决策的效率。

（4）隐私保护的法律和合规要求

随着全球各国对数据隐私保护的法律法规不断更新，电力公司必须确保其数据匿名化技术符合当地的法律合规要求。例如，《通用数据保护条例》（GDPR）对数据匿名化提出了明确的要求，并且要求企业能够证明其数据匿名化措施的有效性。对于电力公司来说，既要保持技术的先进性，又要确保满足法律合规的要求，这需要不断跟进法规的变化和技术的演进。

数据匿名化技术在电力CPS中的应用对于保障用户隐私和系统安全至关重要。随着智能电网、物联网设备和自动化控制技术的普及，电力公司面临的隐私保护挑战日益复杂。通过采用数据遮盖、伪匿名化、泛化和扰动等匿名化技术，电力公司能够有效降低隐私泄露风险，并确保数据在分析和共享过程中的安全性。

然而，数据匿名化技术的实施仍然面临隐私保护与数据实用性之间的平衡、重识别攻击风险以及法律合规性等挑战。未来，随着动态匿名化、差分隐私和区块链技术的发展，数据匿名化技术将在电力CPS中发挥更加重要的作用，为系统的智能化和安全性提供坚实保障。

在未来的电力系统中，数据隐私保护不仅是用户信任的基础，也是系统持续优化和智能化的重要保障。电力公司应继续探索并应用先进的数据匿名化技术，确保在实现智能电网目标的同时，能够有效应对隐私泄露的潜在风险，为用户和系统提供双重的安全保护。

7.4　访问控制策略在电力系统中的应用

在现代电力CPS中，数据和资源的安全管理已经成为影响系统稳定性和安全性的关键问题之一。访问控制策略是保证系统安全性的重要手段，它决定了哪些用户或设备能够访

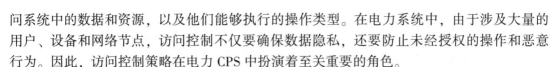

问系统中的数据和资源，以及他们能够执行的操作类型。在电力系统中，由于涉及大量的用户、设备和网络节点，访问控制不仅要确保数据隐私，还要防止未经授权的操作和恶意行为。因此，访问控制策略在电力 CPS 中扮演着至关重要的角色。

本节将探讨访问控制的基本概念、常见的访问控制模型、在电力 CPS 中的应用场景，以及电力系统中访问控制策略面临的挑战与未来的发展趋势。

7.4.1　访问控制的基本概念

访问控制是一种安全机制，用于限制和管理用户或设备对系统资源的访问权限。它通过设置访问规则来确保只有经过授权的实体能够访问敏感数据或执行特定操作，从而保障系统的机密性、完整性和可用性。

访问控制策略在电力系统中的应用主要包括以下几个方面：

①数据访问控制。控制用户或设备对电力系统中的敏感数据（如用户用电数据、设备运行状态等）的访问权限，确保只有经过授权的人员或系统可以查看或修改这些数据。

②设备访问控制。防止未经授权的设备接入电力系统，防止黑客或恶意设备对电力设备发起攻击或进行破坏性操作。

③功能访问控制。限制用户或设备在电力系统中的操作权限，确保只有特定权限的用户才能执行某些关键任务，例如远程控制变电站或发电设备。

7.4.2　常见的访问控制模型

电力 CPS 中的访问控制策略通常采用不同的访问控制模型，根据系统的具体需求和安全级别进行配置。常见的访问控制模型包括：

（1）基于角色的访问控制（Role-Based Access Control，RBAC）

基于角色的访问控制是最广泛应用的访问控制模型之一。在 RBAC 模型中，访问权限与角色相关联，而不是直接与个体用户相关。每个用户根据其分配的角色获得相应的访问权限。角色可以根据用户的职务、职责或在系统中的功能划分。

在电力系统中，RBAC 模型广泛应用于管理不同级别用户的访问权限。例如，系统管理员可以拥有广泛的访问权限，能够监控和控制整个电力系统；而普通运维人员则只能访问与其工作相关的设备和数据。通过这种方式，RBAC 可以简化权限管理，减少权限分配中的错误。

（2）基于属性的访问控制（Attribute-Based Access Control，ABAC）

基于属性的访问控制是一种更为灵活的模型，它根据用户、资源和环境的属性来决定访问权限。与 RBAC 不同，ABAC 不依赖于预定义的角色，而是基于动态属性的组合来确定用户的访问权限。例如，用户的身份属性、请求的时间、地理位置等都可以成为决定访问权限的因素。

在电力系统的远程设备控制中，ABAC 模型可以基于访问请求的时间、位置和设备的运行状态来动态分配权限。例如，某些高危操作只能在特定时间段内由特定位置的授权用户执行，从而进一步提高系统的安全性。

（3）基于规则的访问控制（Rule-Based Access Control）

基于规则的访问控制使用一组预定义的规则来管理对系统资源的访问。每条规则根据系统的安全策略定义了访问条件和操作。基于规则的访问控制能够灵活地响应系统的变化，适合于处理复杂的权限需求。

在电力系统中，可以通过基于规则的访问控制策略来限制某些敏感操作的执行。例如，当系统检测到网络异常时，可以自动禁止某些远程操作，或在系统高负载状态下限制非关键操作的执行。

（4）基于多层次安全的访问控制（Multilevel Security，MLS）

基于多层次安全的访问控制用于在系统中实施分级的安全访问策略。这种模型基于用户和资源的安全级别，确保不同安全级别的用户只能访问与其权限相匹配的数据。用户不能访问比自己级别更高的数据或操作。

在电力 CPS 中，敏感的系统控制指令和设备状态信息可以按照安全级别划分，确保只有最高级别的用户才能访问和修改这些信息。这种方式有助于防止低级别用户误操作或恶意行为破坏系统的安全性。

7.4.3 电力 CPS 中访问控制策略的应用场景

电力 CPS 中的访问控制策略应用广泛，涵盖从数据访问到设备管理的多个层面。以下是一些关键的应用场景。

（1）远程监控与控制系统的访问控制

在电力系统中，远程监控和控制功能是保障电力系统高效运行的关键。通过远程操作，电力公司可以实时监控发电站、变电站和配电网的运行状态，执行负荷调度、设备维护等任务。为了防止恶意攻击或未授权访问破坏电力系统的正常运行，访问控制策略在远程监控和控制系统中扮演了至关重要的角色。

通过 RBAC 模型，电力公司可以根据运维人员的职责分配不同的权限。例如，某些高级操作（如远程关停发电机组）只能由具有高级权限的用户执行，而普通用户只能执行监控和数据查看等非破坏性操作。

（2）智能电表数据的访问控制

随着智能电网的普及，智能电表已经成为电力 CPS 中的重要组成部分。智能电表收集并传输用户的用电数据，这些数据不仅对电力公司进行负荷预测和优化调度至关重要，还涉及用户的隐私保护问题。因此，对智能电表数据的访问需要实施严格的控制策略。

电力公司可以使用 ABAC 模型来控制智能电表数据的访问。例如，只有特定时间段和特定操作权限的人员才能访问用户的详细用电数据，而普通用户只能查看其用电概况。这种基于属性的访问控制能够有效减少数据滥用的风险。

（3）关键基础设施的设备访问控制

电力系统中的关键基础设施（如变电站、发电站、配电站等）面临较高的安全威胁，一旦设备被攻击或被未授权人员控制，可能导致严重的电力中断甚至全国范围内的电力瘫痪。因此，对这些关键设备的访问控制至关重要。

通过基于规则的访问控制策略，电力公司可以根据设备的当前状态（如设备正在进行维护或高负荷运行时）自动调整设备的访问权限。例如，系统可以在检测到潜在的网络攻击时，自动阻止所有远程控制指令的执行，以确保设备的安全。

（4）能源管理与负荷调度中的访问控制

电力系统的能源管理和负荷调度需要实时数据的支持，包括设备状态、负荷信息、发电情况等。这些数据对于电力公司的运营决策至关重要，但其敏感性也要求严格的访问控制。

通过多层次安全访问控制，电力公司可以确保只有高级别的用户能够访问和修改负荷调度信息，而低级别用户只能执行数据采集和报告任务。这种访问控制可以防止低级别用户误操作导致的电力调度失误。

7.4.4 访问控制在电力 CPS 中面临的挑战

尽管访问控制策略在电力 CPS 中起到了关键的安全保障作用，但其实施过程中仍然面临诸多挑战。以下是电力系统中访问控制面临的主要问题。

（1）系统复杂性与权限管理的难度

电力 CPS 是一个高度复杂的系统，涉及众多用户、设备和应用。管理如此复杂的权限体系极具挑战，尤其是在角色和权限不断变化的情况下。过度授予访问权限可能导致安全漏洞，而过于严格的权限控制又可能影响系统的灵活性和高效性。

（2）设备异构性与兼容性问题

电力 CPS 中的设备种类繁多，从大型变电站控制设备到小型的智能电表，这些设备之间的访问控制需求各不相同，导致统一的访问控制策略难以实施。此外，不同厂商生产的设备由于使用的标准和协议不同，增加了访问控制策略统一实施的难度。特别是在设备更新换代或系统扩展时，如何确保新设备与现有访问控制系统的兼容性，成为电力公司面临的重要挑战之一。

（3）实时性要求与性能开销

电力 CPS 中的许多任务要求系统具备高实时性，尤其是在设备控制和负荷调度等关键任务中。然而，复杂的访问控制策略（如基于属性的动态访问控制）可能会增加系统的响应时间，从而影响系统的运行效率。如何在确保访问控制策略有效性的同时，不影响系统的实时性，是电力公司面临的关键问题。

（4）权限滥用与内部威胁

虽然访问控制可以有效防止外部攻击，但内部威胁和权限滥用依然是电力 CPS 中的安全隐患。具备高权限的内部用户如果滥用其访问权限，可能对系统安全构成重大威胁。如何在保障用户正常工作的同时，防范内部人员滥用权限，是访问控制策略设计中的一大挑战。

访问控制策略在电力 CPS 中的应用，对于保障系统的安全性、稳定性和隐私保护至关重要。从数据访问到设备控制，访问控制策略为电力系统的正常运行提供了重要的防护措施。基于角色、属性、规则和多层次安全的访问控制模型，能够为电力公司提供灵活的权限管理手段，确保只有经过授权的用户和设备才能访问敏感数据和执行关键操作。

然而，访问控制的实施仍然面临系统复杂性、性能开销、内部威胁和设备兼容性等挑战。未来，随着零信任架构、区块链技术和自适应访问控制的引入，电力 CPS 中的访问控制策略将更加智能化、分布式和安全性更高，为电力系统的持续发展提供强有力的支持。通过不断优化和完善访问控制策略，电力公司能够在保障系统安全的同时，提升系统的效率和灵活性，确保电力供应的可靠性和用户数据的隐私性。

在电力 CPS 中，数据隐私保护是确保系统安全的关键环节。然而，除了保护数据本身，确保只有授权的用户和设备能够访问这些敏感数据和系统资源同样至关重要。身份认证和访问控制机制是实现这一目标的核心技术，能够有效防止未经授权的访问并保障系统的正常运行。接下来，第 8 章将深入探讨电力 CPS 中的身份认证技术和访问控制策略，分析如何通过这些手段进一步强化系统的安全防护。

第8章 电力CPS的身份认证与访问控制

身份认证和访问控制是电力CPS安全体系中至关重要的一环。本章将讨论电力CPS中的身份认证技术和访问控制策略，从传统的身份认证方法到新兴的基于区块链和零信任架构的解决方案。通过分析这些技术在系统中的实际应用，本章将帮助读者了解如何确保只有授权用户能够访问系统资源，从而减少未经授权的访问风险。

8.1 身份认证在电力CPS中的关键作用

随着电力CPS的不断发展，电力系统的网络化和智能化进程带来了许多新的安全挑战。在电力CPS中，身份认证作为一项基础性的安全措施，直接关系到系统的整体安全性与稳定性。身份认证的核心作用在于确认系统中的用户、设备和服务的合法性，防止未经授权的实体进入系统或执行关键操作。

本节将深入探讨身份认证在电力CPS中的关键作用，分析其在不同层次的应用场景以及未来的发展趋势。

8.1.1 身份认证的基本概念

身份认证（Authentication）是指系统通过验证用户或设备的身份，确保访问者的身份真实合法。它是网络安全中最基本的安全保障手段之一，广泛应用于各类信息系统和物联网（IoT）设备。在电力CPS中，身份认证的目标不仅是保障数据的机密性，还包括确保执行操作的实体具有合法授权，防止非法入侵、数据泄露和物理破坏。

在电力CPS的复杂环境中，身份认证涉及多个层次，包括用户、设备、应用和服务的认证。例如，运维人员通过远程监控系统控制设备、智能电表与电力调度中心交换数据、分布式能源资源与电网相连等场景中，身份认证至关重要。

8.1.2 身份认证在电力CPS中的重要性

电力CPS具有高度的分布式结构和强大的自动化能力，这为系统的运行效率和安全性带来了双重挑战[117]。在这种环境下，身份认证成为确保系统正常运行的关键环节，其主要作用体现在以下几个方面。

（1）防止未经授权的访问

电力CPS中包括了大量的关键基础设施，如发电站、变电站、配电网和用户终端等。一旦这些设备受到恶意攻击，可能导致严重的电力中断或系统瘫痪。身份认证可以有效防止未经授权的用户或设备访问系统中的敏感数据和资源，从而减少恶意行为的发生。

（2）保护用户隐私

智能电网和智能电表的广泛使用使电力 CPS 中涉及大量用户用电数据的收集和处理。这些数据可能包含用户的生活习惯、用电模式等敏感信息，身份认证可以确保只有授权人员或设备能够访问和处理这些数据，保护用户的隐私不被泄露。

（3）确保关键操作的安全性

在电力 CPS 中，许多操作对系统的安全和稳定性至关重要，如远程控制电力设备、负荷调度等。这些操作一旦被非法用户操控，将直接威胁到电力系统的安全。身份认证通过确认执行操作的用户或设备的合法性，确保只有经过授权的实体能够执行这些关键操作，防止恶意攻击或误操作。

（4）防范内部威胁

尽管外部攻击对电力 CPS 构成了主要的安全威胁，但内部威胁同样不可忽视。具备高权限的内部人员如果滥用权限，将对系统造成重大破坏。身份认证通过严格的权限管理，可以有效控制内部人员的操作权限，防范内部人员的恶意行为。

（5）符合安全法规与标准

随着网络安全法规的不断完善，各国对电力系统的安全要求日益严格。身份认证不仅是电力公司确保系统安全的必要手段，也是符合相关安全法规和行业标准（如 NERC CIP、ISO 27001 等）的重要保障。通过实施严格的身份认证机制，电力公司可以满足法律合规的要求，避免因安全漏洞导致的法律风险和经济损失。

8.1.3　身份认证在不同层次的应用场景

电力 CPS 中的身份认证涵盖了多个层次，从用户到设备，再到应用和服务，各个层次的身份认证在确保系统安全性方面都发挥着不同的作用。以下是电力 CPS 中常见的身份认证应用场景。

（1）用户身份认证

用户身份认证是确保系统中的人员访问合法性的重要手段。电力系统中的运维人员、管理人员和用户需要通过身份认证，才能访问系统的不同部分并执行相应操作。常见的用户身份认证方式包括密码认证、双因素认证（2FA）、基于生物识别技术的认证（如指纹识别、面部识别等）。

例如，运维人员通过远程监控系统管理变电站或发电厂设备，必须通过多重身份认证（如密码+指纹）才能登录系统，防止未授权人员操作关键设备。

（2）设备身份认证

电力 CPS 中的设备身份认证用于确保接入系统的设备为合法设备，防止未经授权的设备连接到系统中进行数据窃取或恶意控制。例如，智能电表、传感器、充电桩和其他物联网设备的身份认证可以有效避免假冒设备进入系统。

例如，电力公司在部署智能电表时，通过设备认证确保只有经过授权的电表才能与电力管理系统通信，防止假冒设备上传错误数据或引发系统故障。

（3）应用与服务的身份认证

在电力 CPS 中，应用和服务之间的互操作性非常重要。不同应用和服务需要相互认证身份，以确保数据的传输和处理过程安全可靠。例如，电力调度系统与负荷管理系统之间的通信必须经过身份认证，才能确保调度指令的合法性和有效性。

例如，在发电站和配电网之间传递控制指令时，应用服务必须首先通过身份认证，验证通信双方的身份是否合法，确保指令不会被篡改或伪造。

8.1.4　身份认证的技术实现

身份认证的实现依赖于多种技术手段，常见的身份认证技术包括密码学技术、数字证书、双因素认证、生物识别技术、基于区块链的认证等。电力 CPS 中的身份认证机制需要在安全性和易用性之间取得平衡，确保系统在提供高效安全保障的同时，不会对用户或设备的使用造成过多负担。

（1）基于密码的身份认证

密码是最传统的身份认证手段，通过用户输入密码验证身份。然而，密码的安全性受到其复杂性和管理机制的限制，容易受到暴力破解、钓鱼攻击和社会工程攻击的威胁。

例如，电力 CPS 中的系统登录通常采用密码认证作为第一道防线，结合复杂密码要求和定期更换机制，可以提升密码认证的安全性。

（2）双因素认证（2FA）

双因素认证通过要求用户提供两种不同的认证信息（如密码和手机验证码）来验证身份。双因素认证大大提升了安全性，特别是在远程访问电力系统的场景下，能够有效防止未授权人员通过单一密码攻击进入系统。

例如，电力运维人员通过远程访问控制系统时，需要输入密码和一次性验证码（OTP），确保即使密码泄露，也难以通过未授权的设备进行访问。

（3）数字证书与公钥基础设施（PKI）

数字证书通过非对称加密技术为电力 CPS 中的设备和用户提供身份认证。公钥基础设施（PKI）是管理和分发数字证书的技术框架，确保各类身份认证的安全性和可追溯性。

例如，在电力系统的设备认证中，智能设备和传感器通过安装数字证书来证明其身份的合法性，确保只有受信任的设备能够接入系统。

（4）生物识别技术

生物识别技术通过对用户的独特生理特征进行认证，如指纹、面部、虹膜识别等。这种方式在电力 CPS 的关键操作权限认证中得到了广泛应用，因为其难以伪造且便于使用。

例如，在电力公司的运维中心，管理人员通过指纹或面部识别登录系统，执行重要的负荷调度和电力分配任务。

（5）基于区块链的分布式身份认证

区块链技术为身份认证提供了去中心化的方案，通过分布式账本记录身份验证过程，确保身份数据无法被篡改。基于区块链的身份认证能够增强电力 CPS 中多方参与的安全性，特别是在分布式发电和能源交易等场景中发挥重要作用。

例如，在微电网中，区块链技术为身份认证带来了新的可能性。通过区块链技术，电力 CPS 中的设备和用户可以在去中心化的环境中安全地进行身份认证,确保身份验证的过程透明、不可篡改,并且无须依赖传统的中心化认证机构。在能源交易、分布式电网等场景中,区块链技术的引入能够有效提升认证效率和安全性。

8.1.5 电力 CPS 中的身份认证面临的挑战

尽管身份认证技术在电力 CPS 中具有重要作用,但其实施过程中仍然面临一些挑战,特别是在系统复杂性、设备异构性以及用户体验等方面。

(1)系统的复杂性

电力 CPS 作为一个高度复杂的系统,涉及多个层次的设备、用户和服务,这使身份认证的实施更加困难。不同设备和子系统的认证需求可能各不相同,如何在整个系统中统一身份认证机制,并确保其在各层次中的有效性,是电力公司需要解决的难题之一。

(2)设备的异构性

电力 CPS 中的设备类型多样,包括高性能的控制设备和低功耗的物联网传感器。这些设备在计算能力和通信能力上存在巨大差异,因此无法统一采用同一种身份认证方式。例如,低功耗设备可能无法运行复杂的密码学算法,如何为这些设备提供轻量级、高效的认证方案是电力 CPS 面临的重要挑战。

(3)实时性与认证性能

电力 CPS 中许多操作要求系统具备高实时性,特别是在负荷调度和设备控制等关键任务中,身份认证过程必须在极短时间内完成,以免影响系统的响应速度。复杂的身份认证方案可能增加系统的计算开销,从而影响整体性能。因此,身份认证方案必须在安全性和性能之间找到平衡点。

(4)内部人员的权限管理

尽管外部攻击是电力 CPS 的主要安全威胁,但内部人员的权限滥用同样值得关注。特别是具备高级权限的内部用户,如果滥用其访问权限,可能对系统造成严重破坏。身份认证机制需要结合严格的权限管理,确保不同用户的权限与其职责相匹配,防范内部威胁。

(5)用户体验与便捷性

虽然身份认证的安全性至关重要,但在实际应用中,过于复杂的认证流程可能会影响用户体验。例如,多因素认证虽然安全性较高,但可能增加用户登录系统的复杂性,导致操作效率降低。因此,如何在保证安全性的同时,提升认证的便捷性,也是电力 CPS 中身份认证设计时需要考虑的因素之一。

身份认证在电力 CPS 中具有不可替代的关键作用,它是确保系统安全性、稳定性和可靠性的基础。在电力 CPS 中,身份认证不仅要防止未经授权的外部访问,还要应对内部威胁,保护用户隐私,确保关键操作的安全性。通过使用多种身份认证技术,如密码认证、双因素认证、数字证书和生物识别,电力公司可以有效提升系统的安全性。

然而,身份认证的实施仍然面临系统复杂性、设备异构性、实时性要求等诸多挑战。未来,随着零信任架构、区块链技术、生物识别技术和人工智能的应用,身份认证技术将在电力 CPS 中得到进一步的发展与优化,为电力系统的安全运行提供更加坚实的保障。

8.2　传统身份认证方法的局限性

身份认证是保障电力 CPS 安全运行的基础环节，尤其是在系统高度互联、设备种类繁多、网络复杂的情况下，身份认证成为防止未经授权访问、确保系统完整性与保密性的重要手段。然而，随着电力系统的数字化和智能化，传统的身份认证方法逐渐暴露出诸多局限性，无法有效应对现代电力 CPS 所面临的多种复杂威胁。

本节将深入探讨传统身份认证方法的局限性，分析其在电力 CPS 中应用时所遇到的挑战，涵盖密码认证、基于令牌的认证、生物识别技术等多种传统认证方式的局限性。通过对这些问题的详细剖析，为电力公司在未来构建更加安全、高效的身份认证体系提供参考。

8.2.1　基于密码的认证方法

基于密码的认证方法是最早，也是最常见的身份认证手段。通过输入预设密码，用户或设备可以向系统证明自己的身份。尽管这种方法具有操作简单、易于理解的优点，但其在现代电力 CPS 中逐渐暴露出多个局限性，无法满足日益复杂的安全需求。

（1）安全性问题

密码认证的最大局限性在于其安全性较弱，容易受到多种攻击方式的威胁。例如，暴力破解、字典攻击、钓鱼攻击和社会工程攻击都可以有效破解简单或常用密码，导致系统的安全性受到严重威胁。

例如，攻击者通过尝试大量可能的密码组合来强行破解密码，尤其是在用户使用较短或常用密码时，暴力破解的成功率较高。在电力 CPS 中，设备之间的大量通信和数据交换提供了更多的攻击机会，增加了暴力破解的风险。

又如，通过伪造的登录页面或欺骗性的通信方式，攻击者可以获取用户的密码信息。这种攻击方式在电力系统中尤为危险，因为攻击者一旦获得了管理员的密码，就可以控制关键基础设施设备。

（2）密码管理复杂

随着电力 CPS 中涉及的系统和设备增多，用户和设备需要管理大量密码，这给密码管理带来了很大的负担。用户通常使用相同或相似的密码在多个系统中登录，增加了密码泄露的风险。此外，复杂密码和频繁更换密码的要求导致用户体验不佳，甚至可能引发用户选择简单密码来简化操作，进一步削弱安全性。

（3）恶意软件的威胁

恶意软件通过植入电力系统的终端设备，可以窃取用户输入的密码信息。这类软件往往能够记录键盘输入、截取屏幕内容等方式获取敏感信息，传统的密码认证方法无法有效抵御这种攻击。

8.2.2　基于令牌的认证方法

基于令牌的认证方法是一种通过物理或软件设备生成一次性密码（One-Time Password,

OTP）或数字令牌来验证身份的方式。这种方法在传统的信息系统中被广泛应用，例如硬件令牌、手机 App 生成的动态密码等。然而，在电力 CPS 中，这种认证方式也面临一系列局限性。

（1）物理令牌的管理复杂性

硬件令牌通常以小型物理设备的形式出现，用户或管理员需要随身携带这些设备以进行身份认证。在电力 CPS 中，由于涉及大量设备和运维人员，物理令牌的管理变得非常复杂。设备丢失、损坏或被盗取都会带来安全风险，同时设备的分发和维护也增加了系统的管理负担。

（2）同步问题

基于令牌的认证方式通常依赖于时间同步来生成一次性密码或令牌，而电力 CPS 中的一些设备可能由于网络延迟、时间同步不准确等原因，导致认证过程中出现错误。例如，分布式能源资源、远程传感器和低带宽设备在进行身份认证时，可能会由于时间差异而无法正确生成有效的令牌，进而影响系统的正常操作。

（3）单点故障风险

尽管基于令牌的认证提供了更高的安全性，但它也面临单点故障的风险。比如，如果令牌生成器或关联的认证服务器出现故障，用户将无法完成身份认证，从而导致系统的关键操作无法进行。在电力 CPS 中，特别是在实时调度和设备控制场景中，这种故障可能带来严重后果。

8.2.3　生物识别技术的局限性

生物识别技术（如指纹识别、虹膜扫描、面部识别等）作为一种新的身份认证方式，因其独特的个人生理特征难以伪造，通常被认为是高安全性的认证手段。然而，这种技术在电力 CPS 中的应用也存在一定局限性。

（1）环境和设备限制

生物识别技术的准确性和可靠性依赖于设备的精度和环境的稳定性。在电力 CPS 的复杂环境中，许多设备可能位于户外或工业环境下，灰尘、湿气、温度变化等都会影响生物识别设备的精度。例如，户外变电站的操作员在极端天气条件下进行指纹识别可能会遇到困难，从而影响认证效果。

（2）隐私问题

生物识别技术虽然提供了较高的安全性，但也引发了隐私问题。一旦生物特征数据被泄露或盗取，用户无法像密码那样随意更换自己的生物特征。此外，生物识别技术的普及可能会引发用户对隐私保护的担忧，特别是在电力 CPS 中，涉及大规模的用户数据管理时，这种担忧尤为突出。

（3）成本与部署复杂性

生物识别设备的成本较高，且部署过程复杂。在电力 CPS 中，大量分布式设备和终端需要安装生物识别技术，增加了系统的部署和维护成本。同时，生物识别系统还需要配套的安全措施和数据存储系统，以确保生物数据不会被泄露或篡改，这进一步增加了成本。

8.2.4　传统认证方法在电力 CPS 中的其他局限性

除了上述几种主要的传统认证方法，电力 CPS 中其他常用的认证手段也存在局限性，特别是在现代电力系统的复杂性和安全需求不断提高的情况下。

（1）单因素认证的局限性

许多传统的身份认证方法依赖于单一因素（如密码、令牌或生物特征），这使它们容易受到单一攻击的威胁。电力 CPS 中包含大量的关键基础设施，单因素认证不足以抵御复杂的网络攻击，特别是在面临高级持续性威胁（APT）和内部威胁时，多因素认证变得尤为必要。

（2）动态环境中的适应性差

电力 CPS 的运行环境复杂多变，涉及不同的子系统、远程站点和移动设备。传统的身份认证方法通常缺乏动态适应性，难以应对不断变化的网络环境和安全需求。例如，在负荷调度过程中，系统需要快速响应多种设备的接入请求，传统的认证方法无法适应这种动态变化，可能导致安全漏洞。

（3）难以抵御高级持续性威胁（APT）

高级持续性威胁（APT）是一种复杂、长期的网络攻击方式，攻击者会通过逐步渗透、隐蔽操作等手段侵入系统。传统的身份认证方法，如密码认证或基于令牌的认证，往往难以有效应对这种攻击方式。APT 攻击者可能通过社会工程手段获取密码或令牌，从而长时间隐藏在系统中，进行间谍活动或破坏操作。

8.2.5　未来解决方案展望

针对传统身份认证方法的局限性，电力 CPS 未来的身份认证系统将需要采用更加先进和灵活的认证技术。以下是一些可能的解决方案：

（1）多因素认证（MFA）

多因素认证通过结合密码、令牌、生物特征等多种认证方式，能够显著提升系统的安全性。电力 CPS 中的运维人员和设备可以通过多种身份验证步骤，减少单一因素认证带来的安全漏洞。例如，用户需要输入密码、提供动态令牌并通过指纹识别完成认证，这种多层保护能够有效抵御暴力破解和社会工程攻击。

多因素认证（MFA）已成为传统身份认证方法的重要替代方案之一，它通过结合多种身份验证方式显著提高了系统的安全性。在电力 CPS 中，MFA 可以有效地应对多种复杂的威胁，如社会工程攻击、凭证盗窃等。未来，MFA 将成为电力 CPS 中最为广泛使用的身份认证方式之一。

（2）动态身份认证

动态身份认证是一种根据用户的行为模式和环境条件动态调整身份验证级别的技术。在电力 CPS 中，动态身份认证能够根据用户的登录时间、地理位置、使用设备和操作行为等信息自动调整认证的强度。例如，系统可以检测到用户从不同的地点登录，并根据异常的登录行为，要求用户通过额外的认证步骤确认身份。这种动态的身份认证方式可以有效应对复杂的网络攻击，同时提升系统的灵活性和安全性。

（3）基于行为的认证

基于行为的认证（Behavioral Biometrics）是一种通过分析用户的行为模式（如打字速度、鼠标移动轨迹等）进行身份验证的方法。与传统的生物识别技术不同，行为认证能够在用户进行操作时持续验证其身份，有效防止账号被盗用。特别是在电力 CPS 的操作员监控系统中，基于行为的认证可以确保即使账号被盗，系统也能识别出异常的操作模式并进行阻止。

例如，电力调度中心的操作员可以通过持续的行为认证，确保在操作关键设备时，其身份得到实时验证，防止黑客冒用账号发出错误指令。

（4）零信任身份认证

零信任身份认证是一种基于"永不信任、始终验证"的安全理念，要求无论是内部用户还是外部用户，每次访问都必须通过严格的身份验证。这种身份认证方式特别适合电力 CPS 这样高度分布式的系统，能够确保每个访问请求都经过身份验证，减少潜在的安全风险。

例如，在电力 CPS 中，零信任身份认证可以确保远程运维人员、第三方服务提供商和分布式设备的每次访问请求都通过验证，有效防止未授权用户访问关键基础设施。

（5）区块链技术支持的去中心化身份认证

区块链技术为身份认证提供了去中心化的解决方案。通过将身份验证信息记录在区块链中，电力公司可以确保身份认证过程的透明性和不可篡改性，进一步增强系统的安全性。区块链技术能够用于电力 CPS 中的多方参与场景，例如分布式能源交易和能源管理，确保每个参与方的身份得到验证，且无法被篡改。

例如，在微电网或分布式能源资源管理中，区块链技术可以确保能源交易参与者的身份认证，防止恶意攻击者伪造身份，确保系统的可信性。

（6）后量子身份认证

随着量子计算技术的发展，传统的密码学算法可能面临被破解的风险。后量子身份认证（Post-Quantum Authentication）是一种能够抵御量子计算攻击的新型身份认证技术。电力 CPS 作为关键基础设施，其身份认证系统必须考虑到未来量子计算的威胁，逐步引入后量子加密算法以确保系统的长期安全性。

例如，电力公司可以通过部署后量子身份认证方案，保护关键设备的访问权限，确保即使在量子计算技术普及后，系统的安全性仍然能够得到保障。

传统的身份认证方法在电力 CPS 中暴露出多重局限性，包括密码认证的安全漏洞、基于令牌认证的复杂性、生物识别技术的隐私和成本问题等。随着电力系统的数字化转型，复杂的攻击手段不断涌现，传统的单一认证方式已经无法应对日益增长的安全需求。

为了提高电力 CPS 的安全性，未来的身份认证技术将逐步向多因素认证、动态认证、基于行为的认证和零信任架构等新型方案发展。这些新技术不仅能够有效应对外部威胁，还可以防止内部威胁，确保系统的稳定性和安全性。同时，随着区块链和后量子加密技术的发展，去中心化的身份认证将为电力 CPS 提供更加透明、可靠的身份验证手段。

通过不断优化和升级身份认证技术，电力公司将能够有效防范复杂的网络攻击和系统入侵，为电力系统的安全运行提供坚实保障。这不仅是未来电力 CPS 安全发展的关键方向，也是确保能源基础设施安全稳定运行的必要条件。

8.3　基于区块链的身份认证方案

随着电力 CPS 的不断发展，身份认证技术的需求变得越来越复杂和多样化。区块链技术以其去中心化、透明和不可篡改的特性，为身份认证提供了一种创新性的解决方案。在电力 CPS 中，基于区块链的身份认证可以为分布式的能源系统、物联网设备以及远程监控系统提供更高效和安全的认证方式。通过去中心化的架构，区块链能够有效避免传统身份认证中的单点故障问题，并增强系统的透明度和安全性。

本节将详细探讨基于区块链的身份认证方案在电力 CPS 中的应用，包括其基本原理、关键技术、应用场景、面临的挑战以及未来的发展趋势。

8.3.1　基于区块链身份认证的基本原理

区块链是一种分布式账本技术，所有的交易记录都保存在多个节点上，并且这些记录通过共识算法达成一致，从而保证了数据的安全性和不可篡改性。基于区块链的身份认证通过将用户或设备的身份信息以加密的方式存储在区块链上，使系统中每个参与方都可以通过验证身份信息的完整性和真实性来进行交互。

（1）去中心化的认证机制

在传统身份认证中，身份验证通常由中心化的机构（如认证服务器）进行管理，这使系统容易遭受单点故障的威胁，并可能成为网络攻击的目标。区块链通过去中心化的方式，将身份验证分布在多个节点上，每个节点都维护一份完整的身份信息账本，这大大提升了系统的鲁棒性。

（2）公钥基础设施与区块链的结合

公钥基础设施（Public Key Infrastructure，PKI）是传统身份认证中常用的加密和认证技术，通过公钥和私钥的配对，用户或设备可以安全地证明其身份。在区块链环境中，PKI 可以与分布式账本相结合，进一步增强身份认证的安全性。用户或设备的身份信息和公钥可以通过区块链进行验证，而私钥则由用户自己安全管理。由于区块链上的记录是不可篡改的，认证过程可以确保身份验证的透明性和安全性。

（3）智能合约驱动的自动化认证

智能合约是部署在区块链上的自动化程序，能够在满足预定条件的情况下自动执行。在基于区块链的身份认证系统中，智能合约可以用于自动处理身份验证请求。例如，当设备或用户尝试访问电力 CPS 中的某个资源时，智能合约会自动验证其身份信息，并在验证通过后授予访问权限。这种方式不仅提升了认证的效率，还减少了对人工操作的依赖。

8.3.2　电力 CPS 中区块链身份认证的应用场景

在电力 CPS 中，区块链技术能够为多个应用场景中的身份认证提供支持，特别是在分布式能源管理、智能电网和物联网设备管理等领域。

（1）分布式能源管理

分布式能源（Distributed Energy Resources，DER）包括太阳能发电、风能发电等，这些能源设备通常分布在不同的地理位置，且相互独立。然而，这些分布式能源设备需要与电网相连，并且在能源交易和电力调度过程中，身份认证是确保系统安全的关键。

例如，在分布式能源管理中，区块链可以为每个能源设备分配唯一的身份标识，并通过智能合约自动处理能源交易的身份认证过程。例如，当一个分布式发电设备向电网传输电力时，区块链系统可以自动验证该设备的身份，确保交易的真实性和合法性。

（2）物联网设备管理

电力 CPS 中使用了大量的物联网设备（如智能电表、传感器等），这些设备在提供电力监控和数据采集时，需要与电力管理系统进行数据交互。传统的身份认证方式难以应对大规模物联网设备的管理需求，尤其是在设备数量庞大且位置分布广泛的情况下。

例如，通过区块链，每个物联网设备可以被分配一个唯一的身份，并且其身份信息被安全地存储在区块链上。在设备与电力系统通信时，区块链可以实时验证设备的身份，确保只有经过认证的合法设备能够与系统交互，从而防止伪造设备或恶意设备进入电力 CPS。

（3）智能电网的远程监控与控制

智能电网（Smart Grid）依赖于大量的实时数据和远程控制系统来管理电力的生产和分配。在远程监控和控制场景中，身份认证是确保系统安全的第一道防线。传统的认证方式面临单点故障和数据篡改的风险，区块链则提供了一种更为可靠的认证机制。

在智能电网的远程控制中，区块链技术可以确保每个远程控制请求都经过验证，并记录在区块链上。通过这种方式，电力公司能够确保远程操作的合法性，同时所有的操作记录都能被追溯，防止未授权的操作对电力系统造成危害。

8.3.3　区块链身份认证的关键技术

为了在电力 CPS 中有效应用区块链身份认证技术，系统需要整合多种关键技术，包括共识算法、分布式账本技术、隐私保护机制和可扩展性设计。

（1）共识算法

共识算法是区块链的核心技术，用于在分布式网络中达成一致。在电力 CPS 中，不同节点之间需要协作验证身份信息，因此高效的共识算法至关重要。目前常见的共识算法包括工作量证明（Proof of Work，PoW）、权益证明（Proof of Stake，PoS）和拜占庭容错算法（Byzantine Fault Tolerance，BFT）。这些算法各有优缺点，系统应根据具体需求选择合适的算法。

例如，在电力 CPS 的分布式能源交易中，PoS 算法可以用来验证交易参与者的身份，通过权益证明的方式确保交易的合法性，同时减少能源消耗。

（2）分布式账本技术

分布式账本技术确保每个节点都可以维护完整的数据记录，并且这些记录通过共识机制确保一致性。在身份认证中，分布式账本可以存储所有设备和用户的身份信息，确保每次认证请求都可以被不同节点独立验证。

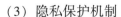

（3）隐私保护机制

尽管区块链具有透明性，但电力 CPS 中涉及大量的敏感数据，必须确保身份信息不会被公开泄露。因此，在区块链身份认证中，必须采用隐私保护机制，如零知识证明、同态加密等，确保用户和设备的身份信息在不泄露敏感内容的前提下完成验证。

（4）可扩展性设计

电力 CPS 中的设备和用户数量庞大，系统必须具备良好的可扩展性，能够支持大规模设备和用户的身份认证。区块链的可扩展性是其应用中的重要挑战，特别是在处理大量并发交易和认证请求时，需要通过分片技术、侧链等手段提升区块链的处理能力。

8.3.4　区块链身份认证的优势与挑战

基于区块链的身份认证方案在电力 CPS 中具有多项显著的优势[118]。

（1）安全性高

区块链通过分布式存储和共识机制确保了数据的不可篡改性，极大提升了身份认证的安全性。每个认证请求都需要通过多个节点的验证，降低了单点故障和恶意攻击的风险。

（2）透明与可追溯

区块链的透明性允许电力公司和监管机构对身份认证过程进行审计，所有的认证记录都可以被追溯，从而提高系统的可信度。

（3）去中心化

去中心化的架构使身份认证不再依赖于单一的中心化服务器，避免了传统系统中因认证服务器故障或被攻击导致的系统瘫痪。

（4）自动化与高效

通过智能合约，身份认证过程可以自动化完成，减少了人工干预的需要，提高了认证效率，尤其在分布式能源管理和物联网设备管理中具有显著优势。

尽管区块链身份认证方案具有诸多优势，但在实际应用中也面临一系列挑战。这些挑战不仅体现在技术层面，还涉及管理、合规性以及系统部署的复杂性。为了更好地在电力 CPS 中实施基于区块链的身份认证方案，电力公司需要解决这些问题，并不断优化系统的设计和实施。

（1）扩展性和性能问题

尽管区块链提供了强大的安全性和透明性，但其扩展性仍然是一个主要的技术挑战。当前的主流区块链技术，如比特币和以太坊，在处理大量交易时效率较低，这对于需要处理大量身份认证请求的电力 CPS 系统来说，是一个明显的瓶颈。

电力 CPS 中的设备数量庞大，特别是随着物联网设备的普及，身份认证的需求也呈指数级增长。传统区块链架构在处理大量并发认证请求时，可能出现交易处理速度缓慢、交易费用高昂的问题。

（2）能源消耗与环保问题

区块链，尤其是基于工作量证明（PoW）共识算法的区块链，往往需要消耗大量的计算资源来维持网络的安全性和去中心化。这种高能源消耗与电力系统的可持续发展目标存在矛盾，尤其是在电力 CPS 中，能源管理是核心任务之一。

在电力系统中，尤其是分布式能源管理中，大量资源被消耗在身份认证上可能并不合理，这与节能减排的目标相违背。

（3）数据隐私与合规性问题

虽然区块链本质上是一个公开透明的分布式账本，但对于电力 CPS 中的某些应用场景，数据隐私是一个重要的考量。例如，用户的用电数据和身份信息可能涉及隐私问题，公开在区块链上可能会违反隐私保护法规，如欧盟的《通用数据保护条例》（GDPR）。

区块链的透明性与数据隐私需求之间存在矛盾。如果所有身份认证过程和数据都被公开记录在链上，可能导致用户隐私泄露的问题。

（4）区块链的法律与合规挑战

电力系统作为关键基础设施，其运作需要遵守国家或地区的相关法律法规。区块链技术的引入可能带来新的法律问题，例如如何对区块链上的智能合约进行监管、如何确保合规的审计等。

区块链在电力 CPS 中的应用尚处于起步阶段，现有法律体系对分布式账本和智能合约的定义和管理还不完善。区块链上去中心化的操作模式也可能与现有的监管框架相冲突。

（5）技术复杂性与实施成本

区块链作为一项新兴技术，其实现和部署存在一定的技术复杂性。特别是在电力 CPS 中，由于系统规模庞大且涉及多种异构设备，如何将区块链与现有的身份认证和管理系统进行有效整合是一个需要重点解决的问题。

区块链系统的实施需要大量的技术支持，包括节点部署、智能合约编写、共识算法设计等，这可能增加项目的复杂性和成本。此外，如何确保现有的电力系统平稳过渡到区块链架构也是一个需要仔细规划的过程。

尽管面临诸多挑战，基于区块链的身份认证方案在电力 CPS 中的应用前景广阔，未来的技术发展和应用趋势将为这一领域带来更多的机遇。

（1）更加高效的共识算法

随着区块链技术的不断进步，更加高效和节能的共识算法将被广泛应用于电力 CPS 中。例如，权益证明（PoS）或混合共识（Hybrid Consensus）等算法可以显著减少能源消耗，并提高系统的处理能力，满足电力系统中大量身份认证请求的需求。

（2）跨链互操作性

随着区块链技术在不同领域的广泛应用，电力 CPS 中可能会出现多个不同的区块链平台。因此，如何实现不同区块链平台之间的互操作性将成为一个重要的发展趋势。通过跨链技术，电力公司可以实现多个区块链系统之间的无缝连接和身份认证数据的共享，进一步提升系统的效率和安全性。

（3）区块链与人工智能的结合

人工智能（AI）技术的引入将为区块链身份认证方案带来新的机遇。AI 可以用于身份认证数据的自动化分析和处理，帮助区块链系统智能识别潜在的安全威胁，并根据实时情况调整认证策略。例如，AI 可以根据设备的历史行为模式，自动检测异常身份认证请求，防止恶意攻击。

（4）基于区块链的去中心化能源市场

随着区块链在电力行业的应用不断深入，去中心化的能源市场将逐步成为现实。在这样的市场中，每个能源消费者和生产者都可以通过区块链进行身份认证和交易记录，确保交易的透明性和公平性，这将为电力 CPS 的管理带来更高效的认证和交易方式。

基于区块链的身份认证方案在电力 CPS 中的应用，不仅能够增强系统的安全性和透明度，还能通过去中心化的架构减少传统认证系统的单点故障问题。尽管在扩展性、隐私保护和合规性等方面仍然存在挑战，但随着技术的不断发展，区块链身份认证的优势将愈发凸显。

未来，随着更高效的共识算法、跨链互操作性、AI 技术和去中心化能源市场的逐步实现，区块链将为电力 CPS 中的身份认证带来更加广泛和深远的影响。通过不断优化技术和加强系统集成，电力公司将能够构建一个更加安全、灵活且可扩展的身份认证体系，确保电力系统的稳定运行和用户隐私的保护。

8.4　零信任架构在访问控制中的应用

在当今高度互联、复杂多样的网络环境中，传统的网络安全策略已经无法满足电力 CPS 对安全性和灵活性的需求。传统的"外围防御"模型假设网络内部是可信的，只需保护网络边界。然而，随着网络边界的模糊化，尤其是在电力 CPS 中大量使用云服务、物联网设备以及远程访问的情况下，系统面临的攻击面大大增加。零信任架构（ZTA）作为一种新型的安全理念，打破了"默认信任内部网络"的假设，通过持续验证所有访问请求，从根本上提升了系统的安全性。

本节将详细探讨零信任架构的基本概念、关键技术、在电力 CPS 中的应用场景及其面临的挑战，最后展望未来零信任架构在电力系统安全中的发展趋势。

8.4.1　零信任架构的基本概念

零信任架构是一种网络安全模型，核心理念是"永不信任，始终验证"。在零信任环境下，无论是网络内部用户还是外部用户，每个访问请求都需要经过严格的身份验证和访问控制，且默认情况下，任何设备、用户或应用程序的访问都不被信任。

（1）持续验证

零信任架构的一个关键原则是对所有访问进行持续验证。无论用户和设备位于网络内部还是外部，每一次访问请求都必须经过身份验证、设备认证和行为分析来确认其合法性。通过这种方式，即使攻击者已经进入网络，也无法轻易发起攻击，因为每个操作都需要通过验证。

（2）最小权限原则

零信任架构还强调最小权限原则（Principle of Least Privilege），即用户或设备只被授予完成任务所需的最低权限。这可以有效减少内部威胁和恶意操作的风险，即使攻击者窃取了某个账号，他们也难以获得整个系统的全面访问权限。

（3）微分段和动态访问控制

零信任架构通过将网络资源进行细粒度的划分（即微分段），为每个资源设置独立的访

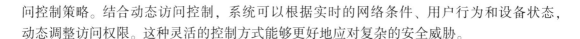

问控制策略。结合动态访问控制，系统可以根据实时的网络条件、用户行为和设备状态，动态调整访问权限。这种灵活的控制方式能够更好地应对复杂的安全威胁。

8.4.2　零信任架构在电力CPS中的应用场景

电力CPS作为关键基础设施，其安全性直接关系到社会的稳定和发展。随着智能电网、物联网设备和分布式能源系统的普及，零信任架构在电力CPS中的应用变得尤为重要。以下是零信任架构在电力CPS中的主要应用场景。

（1）远程运维和访问控制

在现代电力系统中，远程运维已成为常态。电力公司通过远程控制中心监控和管理发电厂、变电站以及分布式能源资源。然而，远程访问的普及也增加了系统面临的攻击面。零信任架构通过对每次远程访问请求进行严格的身份验证和设备认证，确保只有经过认证的人员和设备才能执行关键操作，从而有效防范未经授权的远程控制。

例如，零信任架构可以确保远程运维人员在访问电力设备时，每次操作都需要通过多重验证，如双因素认证和基于行为的认证，减少凭证被盗后的安全风险。

（2）物联网设备的安全管理

电力CPS中使用了大量物联网设备，如智能电表、传感器和控制器等，这些设备的安全性对整个系统至关重要。传统的网络安全模型无法有效应对物联网设备带来的安全风险，特别是在设备无法及时更新安全补丁或面临网络攻击时。

例如，零信任架构通过对物联网设备进行持续的身份验证和行为监控，确保每个设备的操作都符合预期。即使某个设备遭到攻击，系统也能够通过微分段机制限制攻击的扩散范围，保护其他设备和网络资源的安全。

（3）多方参与的能源交易和分布式能源管理

随着分布式能源的快速发展，越来越多的用户参与到电力生产和交易中，形成了复杂的多方交互环境。每个能源生产者、消费者和调度中心都需要在电网中进行身份验证和访问控制，以确保能源交易的合法性和安全性。

例如，零信任架构可以在能源交易平台中确保每个参与方的身份经过严格验证，并且对每个能源交易进行持续监控，确保交易数据的完整性和不可篡改性。此外，通过最小权限原则，系统可以控制参与者只能访问与其身份匹配的资源，防止越权操作。

（4）云服务与混合云架构的安全

随着电力公司逐步采用云计算技术进行数据存储和处理，云服务的安全性成为系统运行的关键。零信任架构可以通过微分段技术和严格的访问控制策略，确保云端数据的安全性。同时，通过持续监控用户和设备的访问行为，可以及时发现并阻止潜在的安全威胁。

例如，电力公司可以通过零信任架构保护其在云端的负荷调度数据和设备运行数据，确保只有经过认证的设备和用户能够访问这些关键数据，从而减少数据泄露和攻击的风险。

8.4.3　零信任架构的关键技术

为了在电力CPS中有效实施零信任架构，需要依赖一系列关键技术，包括多因素身份认证、加密通信、访问控制和行为分析与威胁检测等。

（1）多因素身份认证（MFA）

多因素身份认证是零信任架构中的核心组成部分，通过结合密码、智能卡、生物识别等多种验证方式，确保只有经过充分验证的用户或设备才能访问系统资源。在电力 CPS 中，多因素身份认证能够有效防止凭证被盗或假冒身份带来的安全风险。

例如，电力调度中心的操作员在执行重要任务时，需要通过多重身份验证，如密码、一次性验证码（OTP）和指纹识别，确保操作员的身份可信。

（2）加密通信

在零信任架构中，所有的通信都必须加密，以防止数据在传输过程中被窃取或篡改。加密通信技术如 TLS、IPSec 等确保了电力 CPS 中各个节点之间的通信安全，防止中间人攻击和数据泄露。

例如，电力 CPS 中的远程控制命令和监控数据都通过加密通道进行传输，确保指令的完整性和保密性，避免遭到拦截和篡改。

（3）基于角色的访问控制（RBAC）与基于属性的访问控制（ABAC）

零信任架构中的访问控制策略包括基于角色的访问控制（RBAC）和基于属性的访问控制（ABAC）。RBAC 根据用户的角色（如管理员、操作员、访客）授予不同的权限，而 ABAC 则根据用户、设备和环境的属性（如时间、位置、设备状态等）动态调整权限。

例如，在电力系统中，不同的操作员可能具备不同的角色和权限，RBAC 能够确保他们只能访问与其职责相关的系统资源。同时，ABAC 能够根据当前的环境状态动态调整权限，例如在设备维护期间临时授予操作员访问权限。

（4）行为分析与威胁检测

行为分析技术通过对用户和设备的日常行为模式进行监控，能够识别异常行为并发出警报。结合威胁检测技术，系统可以在潜在攻击发生之前识别出风险，并自动调整访问权限或隔离有问题的设备。

例如，在电力 CPS 中，行为分析可以监控操作员的操作习惯和设备的运行状态，一旦发现异常操作或设备行为，系统可以自动限制访问权限，防止进一步的安全威胁。

8.4.4　零信任架构的挑战

尽管零信任架构为电力 CPS 的安全性提供了强有力的支持，但其实施过程中仍然面临一些挑战。

（1）性能开销与复杂性

零信任架构需要对每次访问请求进行身份验证、加密通信和行为分析，这对系统性能提出了较高的要求。特别是在需要处理大量并发请求的电力 CPS 时，尤其在电力 CPS 中处理并发访问请求时，零信任架构可能带来较大的性能开销。每个访问请求都需要进行身份验证、加密、行为分析等一系列操作，增加了系统的延迟和处理负担。此外，微分段的细粒度访问控制策略也可能增加网络通信的复杂性，使系统难以在高负载下保持高效运行。

例如，电力 CPS 通常需要实时响应，例如负荷调度和设备控制。如果每次操作都需要经过复杂的认证和安全检查，可能导致操作延迟，影响系统的实时性和可靠性。对于需要高频访问的大型系统，如智能电网中的分布式设备管理，零信任架构的性能瓶颈更加突出。

为了解决性能开销问题，电力公司可以结合边缘计算和智能化缓存策略，将身份验证和访问控制部分下放至靠近设备的边缘节点，从而减少中心服务器的负担。通过分布式处理和智能负载均衡，可以有效缓解高并发访问下的性能压力。

（2）系统集成与兼容性

电力 CPS 是一个高度复杂且异构的系统，包含了多种不同供应商和年代的设备，以及多种不同的通信协议。零信任架构的引入需要对现有的设备和系统进行改造，这可能涉及大量的系统集成和兼容性问题。

例如，多传统电力设备并未设计用于支持复杂的身份验证和加密通信协议，如何在保持现有设备功能的前提下引入零信任架构是一大挑战。此外，不同供应商的设备可能使用不同的身份认证标准和协议，如何实现兼容也是系统部署中的一个难点。

为了解决系统集成与兼容性问题，电力公司可以采用逐步部署的策略，首先在新设备和关键区域引入零信任架构，随后逐步扩展到整个系统。为解决兼容性问题，可以开发适配器或网关，将传统设备连接到零信任网络中。同时，电力公司可以与设备供应商合作，推动设备的标准化升级，确保未来设备能够无缝兼容零信任架构。

（3）管理和维护的复杂性

零信任架构要求对系统中的每个用户、设备和资源进行持续的身份验证和访问控制，这大大增加了系统的管理和维护复杂性。电力 CPS 中的运维人员需要处理大量的访问日志、监控数据以及动态的权限调整，这可能导致管理负担过重。

例如，传统的访问控制系统往往依赖固定的角色和权限分配，而零信任架构要求更加动态、灵活的权限管理机制。这意味着运维人员需要频繁调整权限配置，同时还要监控系统中的每个用户和设备的行为。这种管理负担在大规模系统中可能变得不可持续。

为了解决管理复杂性问题，电力公司可以采用自动化运维工具，结合人工智能技术对访问控制策略进行智能化配置和优化。通过行为分析和机器学习技术，系统可以自动识别用户或设备的异常行为，并根据风险情况动态调整权限分配，减少人工干预的需求。

（4）文化和意识的转变

零信任架构的成功实施不仅依赖于技术支持，还需要运维团队和管理层的充分理解和支持。传统的网络安全模型建立在信任内部网络的基础上，而零信任架构要求对所有操作进行严格的验证，这种"永不信任"的理念需要电力公司从文化上作出调整。

例如，在传统的网络安全文化中，用户和设备一旦通过了初步验证，往往会被认为是可信的。然而，零信任架构要求持续验证，这可能导致员工和运维人员对系统的过度谨慎产生抵触情绪。特别是在高频操作或紧急情况下，烦琐的验证流程可能被认为是效率的阻碍。

为了解决此问题，电力公司可以通过定期的培训和安全意识提升计划，帮助员工和运维人员理解零信任架构的核心理念及其对整体安全的益处。同时，可以根据操作的敏感度灵活调整验证流程，对高敏感操作进行严格验证，而对低风险操作简化验证步骤，以平衡安全性和操作效率。

零信任架构作为一种新型的网络安全理念，在电力 CPS 中具有广泛的应用前景。通过持续验证、最小权限原则、微分段和动态访问控制，零信任架构能够有效防范内、外部威胁，提升电力系统的整体安全性。尽管其在性能、集成和管理复杂性方面面临一定的挑战，但随着技术的不断进步，特别是人工智能、边缘计算和区块链技术的引入，零信任架构将逐步克服这些问题，成为未来电力 CPS 安全防护的核心手段。

通过逐步引入零信任架构，电力公司可以大幅提升对关键基础设施的保护能力，确保电力系统在面对复杂多变的网络环境时依然能够保持高效、安全的运行。

尽管身份认证和访问控制在防止未经授权访问和保护系统资源方面发挥着至关重要的作用，但在电力 CPS 的复杂环境中，仍然可能面临通过合法身份进入系统后进行的恶意操作。因此，实时监控和及时发现潜在的安全威胁成为保障系统安全的关键。入侵检测系统（IDS）为这一需求提供了解决方案，通过监控系统活动，识别异常行为并及时响应。接下来，第 9 章将探讨电力 CPS 中的入侵检测与防御机制，分析其如何协同其他安全措施共同保护电力系统免受攻击。

第9章　电力 CPS 的入侵检测与防御机制

面对日益复杂的攻击，入侵检测和防御机制在电力 CPS 中扮演着至关重要的角色。本章将介绍电力 CPS 中的入侵检测系统（IDS）和防御机制，探讨如何在实时环境中监控系统并应对潜在的威胁。通过对现有检测技术的分析，读者将更好地理解如何构建高效的防御体系，以应对各种网络攻击和安全隐患。

9.1　入侵检测系统（IDS）的类型与功能

在当今高度互联的电力 CPS 中，随着网络攻击手段的不断演进，确保系统的安全性和稳定性成为关键问题。入侵检测系统（IDS）作为一种主动防御技术，能够有效监控和检测网络环境中的异常行为，及时发现潜在的安全威胁，并提供相应的防御措施。特别是在电力 CPS 中，入侵检测系统不仅要保护传统的信息网络，还需要兼顾物理设备的安全，防止恶意攻击对电力系统造成破坏。

本节将详细介绍入侵检测系统的基本概念、主要类型及其在电力 CPS 中的功能。通过对不同类型 IDS 的分析，探讨其在电力系统中的应用场景和优势。

9.1.1　入侵检测系统的基本概念

入侵检测系统（IDS）是一种专门设计用于检测网络中异常活动和潜在威胁的安全工具。它通过对网络流量、系统日志和用户行为的分析，识别可能的攻击活动，并及时向管理员发出警告。IDS 本质上是一个网络安全监控系统，负责检测并响应可疑的网络或系统活动。

IDS 的工作原理通常包括三个步骤：

①数据收集。从网络流量、主机日志或应用程序中收集数据。

②分析和检测。通过预定义的规则、特征或行为模式，分析所收集的数据，识别潜在的入侵或攻击行为。

③响应。一旦检测到威胁，IDS 会生成警报，通知管理员或自动采取防御措施。

9.1.2　入侵检测系统的主要类型

根据检测方式和部署位置的不同，入侵检测系统可以分为多种类型[119]。电力 CPS 的多层次结构使不同类型的 IDS 在各个子系统中扮演不同的角色。以下是几种常见的 IDS 类型及其特点和功能。

（1）基于网络的入侵检测系统（NIDS）

基于网络的入侵检测系统是最常见的一种入侵检测系统，它通过监控和分析网络流量来检测异常活动。NIDS 通常部署在网络的边界或核心交换节点，能够监控整个网络的数据传输活动，并通过预定义的规则或异常行为检测潜在的攻击。

NIDS 具有以下功能特点：NIDS 通过分析传输中的数据包，能够检测到常见的网络攻击，如 DDoS 攻击、IP 欺骗、网络扫描等；NIDS 可以被动监控网络流量，对系统运行没有干扰，因此不影响正常业务操作；通过实时监控，NIDS 能够及时检测到外部攻击和内部威胁，如恶意流量和未经授权的访问。

在电力 CPS 中，NIDS 可以部署在发电站、变电站和控制中心的网络边界，监控外部流量的异常行为，防止外部攻击者通过网络漏洞入侵关键系统。对于配电网和智能电表等分布式设备，NIDS 能够实时监控分布式节点之间的数据交换，防止未经授权的设备接入电网。

（2）基于主机的入侵检测系统（HIDS）

基于主机的入侵检测系统（Host-based Intrusion Detection System，HIDS）主要用于监控单个主机或设备的操作系统和应用程序。HIDS 通过分析主机日志、文件系统变更和系统调用等行为，识别是否存在入侵行为。

HIDS 具有以下功能特点：HIDS 可以深入到主机的内部，监控操作系统的变化，检测恶意软件、后门程序和权限提升攻击；HIDS 能够监控主机的内部活动，适用于检测针对服务器、工作站或其他终端的攻击；HIDS 具有较高的精度，能够检测到很多网络层面无法捕捉的威胁。

在电力 CPS 中，HIDS 可用于监控关键控制系统，如 SCADA 系统（Supervisory Control And Data Acquisition）的主机。通过对这些系统的内部操作进行实时监控，HIDS 能够发现潜在的恶意软件或不正常的系统操作。对于管理和维护服务器的人员，HIDS 可以帮助他们及时发现权限滥用或内部员工的潜在恶意行为。

（3）基于签名的入侵检测系统

基于签名的入侵检测系统（Signature-based IDS）是最早的 IDS 类型之一，它通过将网络流量和主机日志与已知的攻击签名数据库进行匹配，识别出可能的攻击行为。这种方法依赖于已知的攻击特征，一旦匹配到某个特定的攻击模式，系统便会发出警报。

基于签名的入侵检测系统具有以下功能特点：通过比对已知的攻击特征，签名型 IDS 能够准确识别常见的攻击行为，如 SQL 注入、XSS 攻击、缓冲区溢出等；签名型 IDS 的检测速度较快，能够实时检测并生成警报。

但是，基于签名的入侵检测系统具有以下局限性：无法检测到未知攻击或变种攻击，因为其检测依赖于事先定义好的攻击签名库；签名库的维护要求较高，需要不断更新以应对新型攻击。

电力 CPS 中可以通过签名型 IDS 监控常见的网络攻击行为，特别是针对电力系统应用程序的已知漏洞攻击。签名型 IDS 可以快速检测出已知的恶意活动，并及时阻止攻击扩散。

（4）基于异常检测的入侵检测系统

与基于签名的 IDS 不同，基于异常检测的 IDS（Anomaly-based IDS）通过建立系统的正常行为模型，当检测到偏离这些正常模式的行为时，发出警报。这种方法的优势在于能够检测到未知的攻击行为，但也容易出现误报。

基于异常检测的入侵检测系统具有以下功能特点：通过机器学习或统计分析技术建立正常网络行为的基准，能够识别出非正常的网络活动；对未知攻击的检测能力较强，能够发现新型攻击或变种攻击；基于行为模式的检测方式可以监控到更加细微的异常活动，适用于检测复杂的内部威胁。

但是，基于异常检测的入侵检测系统具有以下局限性：由于依赖正常行为基线，误报率可能较高，尤其是在系统行为多变的情况下；需要较长的训练期来建立行为模型。

在电力 CPS 中，基于异常检测的 IDS 可以用于检测设备的异常行为，例如，智能电表或传感器突然产生不符合预期的数据传输行为，可能暗示设备被入侵或存在故障。该类型的 IDS 适合用于监控发电站和配电站的实时网络流量，检测网络流量中难以通过签名识别的异常活动。

（5）混合型入侵检测系统

混合型入侵检测系统（Hybrid IDS）结合了基于签名和基于异常的检测技术，综合利用两种方法的优点，能够提供更加全面的入侵检测功能。通过混合使用这两种检测方法，IDS 既能快速识别已知攻击，也能够发现新型威胁。

混合型入侵检测系统具有以下功能特点：结合了签名匹配的高效性和异常检测的广泛性，能够减少误报率并提高对未知威胁的检测能力；通过多层次分析，能够提供更细粒度的攻击检测。

在电力 CPS 中，混合型 IDS 适用于全系统的监控和防御。例如，系统可以通过签名检测快速识别网络层的常见攻击，同时利用异常检测技术监控设备和用户行为的变化，识别可能的内部威胁。

9.1.3 入侵检测系统在电力 CPS 中的功能

入侵检测系统在电力 CPS 中承担着多项关键功能，帮助电力公司有效应对日益复杂的网络安全威胁。以下是 IDS 在电力 CPS 中的主要功能。

（1）实时威胁检测与告警

入侵检测系统通过实时监控网络流量和设备行为，能够及时检测到潜在的网络攻击或系统异常。一旦发现可疑活动，IDS 会立即发出告警，通知管理员采取防御措施。这种实时性对电力 CPS 至关重要，特别是在发电站、变电站和控制中心等关键基础设施中，能够防止攻击的扩散和影响。电力 CPS 中的实时威胁检测对于保障系统的连续性至关重要。例如，如果智能电表突然出现异常的数据传输行为，IDS 能够立即标记该行为为可疑，并向控制中心发出警报，防止攻击者进一步利用设备进行恶意操作。

（2）入侵事件的分析与报告

入侵检测系统不仅仅负责实时检测，还能够记录所有入侵尝试和异常行为，为后续的安全分析提供详尽的数据支持。通过分析这些数据，电力公司能够了解攻击者的手段和目标，评估系统的脆弱性，并制定相应的防御策略。

例如，某发电站遭遇了外部网络攻击，IDS 通过对流量日志的分析，发现攻击者尝试利用系统中的已知漏洞进行入侵。通过 IDS 生成的详细报告，安全团队可以准确了解攻击者

的入侵路径、攻击方式，并对系统漏洞进行修补。

（3）辅助入侵防御系统（IPS）

入侵检测系统可以与入侵防御系统相结合，形成一个更加完善的防御机制。IDS 负责检测潜在威胁并生成警报，而 IPS 则进一步采取主动防御措施，如封锁恶意流量、隔离可疑设备等，防止攻击对系统造成实际损害。

在电力 CPS 中，IDS 和 IPS 的结合能够有效应对复杂的分布式攻击。例如，系统检测到来自多个来源的 DDoS 攻击流量后，IPS 会立即采取防御行动，阻止恶意流量进入系统，保障电力系统的持续运行。

（4）系统行为基线的建立

为了提高检测精度，入侵检测系统可以通过学习和分析系统的正常行为模式，建立系统的行为基线。这一基线可以包括网络流量的正常模式、设备运行状态、用户操作习惯等。当系统行为偏离基线时，IDS 能够快速识别出异常并采取措施。

在智能电网中，IDS 可以建立电力设备的日常操作模式，如发电设备的负荷波动、传感器的数据传输频率等。如果某设备突然出现不符合基线的行为（如数据量异常增大或操作频率过高），IDS 可以及时检测到并通知系统管理员。

（5）支持合规性与审计

许多国家和地区的电力基础设施都必须遵守严格的网络安全法规和标准，如《关键基础设施保护法》或《通用数据保护条例》（GDPR）。入侵检测系统可以通过详细记录系统的安全事件和响应措施，帮助电力公司满足这些法规要求，并在必要时提供审计报告。

电力公司可以利用 IDS 生成的日志和报告证明其符合相关的网络安全标准和合规要求。这些报告不仅可以用于公司内部的安全审计，还能够在遭遇网络攻击后，为调查和法律诉讼提供有力证据。

9.1.4　电力 CPS 中入侵检测系统的部署策略

电力 CPS 的复杂性和多样性决定了入侵检测系统的部署策略必须根据具体的网络环境和业务需求进行调整。以下是几种常见的部署策略：

（1）分层部署策略

电力 CPS 通常具有多层次的架构，包括物理层、网络层、数据层和应用层。在这种情况下，IDS 的部署需要针对每一层的特点进行优化，以确保全面覆盖。

在网络层，基于网络的 IDS（NIDS）可以用于监控发电站、变电站与控制中心之间的通信流量；在物理层，基于主机的 IDS（HIDS）则可以用于监控关键设备的运行状态，确保操作系统和应用程序没有被恶意软件入侵。

（2）分布式部署策略

电力 CPS 中的设备和系统往往分布在广阔的地理区域内，如远程发电厂、分布式能源和智能电表等。对于这种广泛分布的系统，分布式入侵检测系统（Distributed IDS，DIDS）能够在多个节点上部署传感器，进行实时监控，并将检测到的威胁集中汇报到中央控制中心。

电力公司可以在各个远程站点部署 DIDS 传感器，对不同站点的网络活动和设备行为进

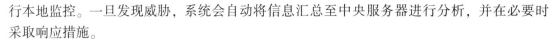

行本地监控。一旦发现威胁，系统会自动将信息汇总至中央服务器进行分析，并在必要时采取响应措施。

（3）云端 IDS 部署

随着电力公司越来越多地使用云计算服务，云环境中的安全防护也变得至关重要。入侵检测系统可以部署在云环境中，对云端的网络流量、应用程序和存储进行实时监控，确保数据和服务的安全性。

在电力 CPS 的云服务平台上，云端 IDS 可以监控电力调度系统、负荷预测系统等应用的操作，防止攻击者通过云端漏洞或不当的访问权限进行破坏性操作。

入侵检测系统（IDS）在电力 CPS 中发挥着至关重要的作用，它能够实时监控网络和设备的运行状态，及时发现并应对潜在的安全威胁。通过 NIDS、HIDS、基于签名的 IDS、基于异常的 IDS 以及混合型 IDS 等多种类型，电力公司可以根据不同的应用场景部署适合的检测系统，有效防止网络攻击对关键基础设施的破坏。

同时，IDS 不仅仅是一个检测工具，它还可以为电力系统的整体安全架构提供数据支持，通过与入侵防御系统（IPS）的结合，形成一个更加全面和主动的防御体系。随着电力系统的不断发展，入侵检测技术也将继续进化，特别是在云计算、边缘计算和分布式能源管理的场景中，IDS 将发挥更加重要的作用，确保电力 CPS 的安全性和稳定性。

9.2 基于签名的入侵检测技术

基于签名的入侵检测技术（Signature-based Intrusion Detection System，SIDS）是入侵检测系统（IDS）中最传统且应用最广泛的一种检测方法[120]。它通过对网络流量、系统日志、文件操作等进行监控，并将这些活动与已知的攻击模式或"签名"进行对比，从而识别出潜在的攻击行为。这种技术依赖于事先定义好的攻击特征库，当检测到匹配的模式时，系统会发出警报。

在电力 CPS 中，基于签名的入侵检测技术由于其简单高效，广泛应用于实时检测和防护。然而，随着网络攻击技术的演进和电力系统的复杂化，基于签名的检测方式也面临着其固有的局限性和挑战。本节将详细探讨基于签名的入侵检测技术的工作原理、应用场景、优点与局限性，并提出针对这些问题的解决方案。

9.2.1 基于签名的入侵检测技术的工作原理

基于签名的入侵检测系统通过收集网络中的数据流、系统日志、文件操作记录等，并将这些数据与预先定义的攻击签名进行匹配。一旦系统检测到与已知攻击签名匹配的行为或模式，便会触发警报。

攻击签名是对特定攻击行为的描述，它可以是恶意代码的特征字符串、网络协议中的异常数据模式，或是系统调用的某种特定序列。签名库通常由安全厂商或社区更新，并根据新出现的攻击类型不断进行扩充。

基于签名的检测系统的工作流程通常包括以下几个步骤：

（1）数据捕获。系统从网络或主机中获取实时数据，如网络流量、日志文件等。

（2）签名匹配。系统将捕获的数据与签名库中的已知攻击模式进行匹配，使用模式匹配算法来检测潜在的威胁。

（3）警报生成。一旦匹配成功，系统将触发警报，通知管理员采取相应的防御措施。

（4）记录与审计。检测到的威胁行为会被记录在日志中，用于后续分析和审计。

9.2.2　基于签名的入侵检测技术在电力 CPS 中的应用场景

在电力 CPS 中，网络安全与物理系统的安全紧密相关，任何对电力系统的网络攻击都可能导致严重的物理后果，如电网瘫痪、设备故障等。因此，基于签名的入侵检测技术在电力系统中发挥着至关重要的作用，特别是在实时监控和快速响应方面。

（1）变电站和发电厂的安全监控

在电力系统中，变电站和发电厂是关键基础设施，其运行状态直接影响到电力的生产与输送。攻击者通常通过网络攻击或物理入侵来试图破坏这些设施的正常运行，造成广泛的电力中断或设备损坏。

例如，基于签名的入侵检测系统可以实时监控这些设施的网络流量，检测已知的攻击模式，如 SQL 注入、网络扫描、拒绝服务攻击（DDoS）等，并迅速作出响应，防止攻击者破坏关键系统。

（2）智能电网中的安全防护

智能电网通过物联网技术实现了电力生产、输送和消费的智能化管理，然而这也使网络攻击的威胁大大增加。攻击者可以通过入侵智能电表、传感器等设备，篡改电力数据或破坏系统的正常运行。

例如，基于签名的 IDS 可以部署在智能电网的不同节点上，实时监控这些设备的网络通信，并检测已知的恶意数据注入或通信协议攻击。例如，当系统检测到一个智能电表发送的流量与已知的攻击模式相符时，可以立即生成警报，并阻止该设备的进一步操作。

（3）SCADA 系统的保护

SCADA 系统用于电力 CPS 中的远程监控与控制，是电力调度和管理的核心系统。由于 SCADA 系统通常与外部网络相连，它们容易成为网络攻击的目标。

例如，基于签名的入侵检测系统可以用于监控 SCADA 系统的通信，识别常见的攻击行为，如恶意代码注入或权限提升攻击。当系统检测到类似攻击模式时，可以立即触发预警，防止攻击者控制 SCADA 系统，避免对电网造成大规模影响。

9.2.3　基于签名的入侵检测技术的优点与局限性

尽管网络攻击的复杂性在不断增加，基于签名的入侵检测技术仍然在电力 CPS 中被广泛应用，其主要优势体现在以下几个方面：

（1）高精度的攻击识别

基于签名的入侵检测技术在识别已知攻击时具有极高的准确性。由于攻击模式在签名库中有明确的定义，系统能够准确地检测到与这些签名匹配的恶意活动，并触发警报。对于常见的网络攻击，如 DDoS 攻击、恶意软件传播、网络扫描等，基于签名的检测系统可以提供可靠的防护。

（2）实时监控和快速响应

签名匹配算法的执行速度较快，能够在网络攻击发生的同时进行实时检测并发出警报，这使系统能够迅速响应攻击，减少因攻击带来的损害。特别是在电力 CPS 中，快速检测和响应对保持系统的稳定性至关重要。

（3）易于部署和管理

基于签名的 IDS 在技术实现上较为成熟，易于部署并与现有的网络架构集成。系统管理员可以通过定期更新签名库来保持对新型攻击的防护能力，无须对整个系统进行大规模的重新配置。因此，基于签名的检测技术具有较好的可维护性和可操作性。

尽管基于签名的入侵检测技术在电力 CPS 中有广泛应用，但随着网络攻击技术的不断演进，其局限性也逐渐暴露出来。

（1）无法检测未知攻击

基于签名的入侵检测技术严重依赖已知的攻击模式，而无法检测到尚未被发现的或变种的攻击。攻击者可以通过修改现有的攻击特征来逃避签名匹配，或利用新型的攻击手段绕过检测，这使得基于签名的 IDS 在面对高级持续性威胁（Advanced Persistent Threats，APT）等复杂攻击时效果有限。

例如，APT 攻击通常具备高隐蔽性，攻击者会长期潜伏在系统中，逐步获取系统权限，基于签名的 IDS 无法检测到这些持续的小规模异常行为，因为这些行为不符合已知的攻击模式。

（2）需要频繁更新签名库

为了保持对新型攻击的防护能力，基于签名的 IDS 需要定期更新签名库。攻击者不断开发新的恶意软件和攻击方法，签名库需要不断扩展和维护以应对这些新型威胁。然而，签名库的更新并不是即时的，在新攻击出现到签名库更新之间存在时间差，这期间系统可能暴露在威胁之下。

例如，在电力 CPS 中，攻击者可以利用这一"空窗期"发动攻击，使系统在未更新签名库之前无法识别新型威胁，这种滞后性使系统在面对快速演变的威胁时变得被动。

（3）容易受到变种攻击的影响

攻击者可以通过改变攻击的细节来避开签名检测。比如，通过对恶意代码进行混淆、加密或变换指令顺序，攻击者能够使原有的签名失效，从而逃避基于签名的检测系统。

例如，在电力 CPS 中，攻击者可以对入侵行为进行频繁的变异，使基于签名的 IDS 难以识别这些变异后的攻击模式，这使电力公司在应对复杂、变种攻击时往往处于被动状态。

9.2.4 提高基于签名的入侵检测技术有效性的解决方案

尽管基于签名的入侵检测技术存在一些固有的局限性，但通过结合其他检测技术和采取适当的改进措施，电力 CPS 中的入侵检测可以显著提升其整体有效性。以下是一些可以增强基于签名的入侵检测系统（IDS）性能和可靠性的策略。

（1）签名库的持续更新与优化

为了应对快速变化的攻击模式和新型威胁，签名库的及时更新是关键。安全研究人员和系统管理员需要保持与最新的安全趋势同步，不断扩展签名库以涵盖新发现的攻击特征。除了依靠外部安全厂商提供签名更新外，电力公司还可以通过内部的安全团队，基于以往的安全事件，创建定制化的攻击签名。

因此，电力公司应建立一个安全运营中心（SOC），负责持续监控安全威胁，并定期更新签名库。同时，签名库应进行分层分类管理，确保系统能够高效匹配和响应特定的攻击类型。

（2）与基于异常的检测结合

将基于签名的入侵检测技术与基于异常的检测（Anomaly-based Detection）相结合，可以弥补单一检测方法的不足。基于异常的检测能够识别那些未被签名库覆盖的异常活动，通过学习系统的正常行为模式，检测出偏离常规操作的行为，识别潜在的威胁。

在电力 CPS 中，混合使用基于签名的检测和基于异常的检测，可以提高对未知威胁的检测能力。例如，在智能电网的运维过程中，可以利用基于行为的 IDS 监控设备和用户的行为模式，检测突然的异常行为，而基于签名的 IDS 可以及时发现已知的恶意活动。

（3）引入机器学习和人工智能技术

通过引入机器学习（ML）和人工智能（AI）技术，基于签名的 IDS 可以提高对复杂攻击的检测能力。机器学习模型可以在大量数据的基础上，自动学习攻击模式并生成新的签名，从而扩展系统的检测范围。此外，机器学习可以动态分析网络流量、用户行为和设备状态，帮助系统识别高级持续性威胁（APT）等复杂攻击。

因此，电力公司可以部署基于人工智能的安全监控系统，自动分析来自多个子系统（如发电、输电和配电系统）的数据，通过机器学习算法自动检测和生成攻击签名。这种方式能够大幅减少签名库更新的延迟，提升系统的响应速度。

（4）动态签名生成

静态的签名库在面对变种攻击时效率较低，因此，引入动态签名生成机制可以帮助系统快速适应变化的攻击模式。动态签名生成系统能够根据实时捕获的数据流和攻击行为，自动创建新的签名，并将其加入签名库，用于后续检测。

在电力 CPS 中，动态签名生成机制可以用于实时检测未记录的攻击行为，并根据攻击特征即时生成新的签名。这将使系统能够快速识别变种攻击或针对电力设备的特定攻击手段，提升防护能力。

（5）使用分布式 IDS 架构

由于电力 CPS 的分布式特性，单一的集中式 IDS 难以有效覆盖所有子系统和设备。通过部署分布式 IDS 架构，电力公司可以在不同的网络节点、子系统和物理设备上分别部署 IDS 传感器，并结合中央管理平台进行统一分析和响应。

分布式 IDS 架构能够实时收集和分析来自多个节点的网络流量和设备行为，提高对整个电力 CPS 的威胁感知能力。中央平台可以对各节点的检测结果进行汇总，结合基于签名的检测与基于行为的分析，形成全面的防御体系。

（6）自动化响应与防御

基于签名的 IDS 可以与入侵防御系统（Intrusion Prevention System，IPS）集成，形成自

动化的防御机制。一旦 IDS 检测到匹配的攻击签名，IPS 可以立即采取防御措施，如封锁恶意流量、隔离受感染设备等，从而阻止攻击进一步扩散。

在电力 CPS 中，自动化响应系统可以在检测到网络入侵时，立即采取防御措施，确保关键设备和系统免受进一步损害。此类系统应与签名库更新和行为检测模块无缝集成，以实现全面的自动化防御。

基于签名的入侵检测技术在电力 CPS 中依然是一种核心的安全防护手段，特别是在快速识别已知攻击和实时监控方面具有显著优势。然而，随着攻击手段的日益复杂化，单纯依靠签名匹配已经无法完全应对现代电力系统中复杂且多样的安全威胁。因此，通过与基于行为的检测、人工智能、动态签名生成等技术的结合，基于签名的 IDS 可以大幅提升其有效性和灵活性。

电力公司应积极引入先进的安全技术，并通过定期更新签名库、自动化防御机制和分布式检测架构，确保系统能够在应对已知和未知威胁时保持足够的防御能力。基于签名的 IDS 与其他入侵检测技术相辅相成，共同构建一个全面、可靠的安全防护体系，保障电力 CPS 的安全稳定运行。

9.3 基于异常的入侵检测方法

随着电力 CPS 变得越来越复杂，入侵检测方法的演进也日益重要。传统基于签名的入侵检测系统虽然在识别已知威胁方面表现出色，但在面对未知攻击或新型威胁时显得力不从心。基于异常的入侵检测方法（Anomaly-based Intrusion Detection，AID）通过建立系统的正常行为模式，检测与这些模式不符的异常行为，从而识别潜在威胁。这种方法不仅能够有效应对未知威胁，还可以识别一些隐蔽性较强的内部攻击。

本节将详细讨论基于异常的入侵检测方法的工作原理、关键技术、应用场景及其在电力 CPS 中的优势和挑战。

9.3.1 基于异常的入侵检测的基本原理

基于异常的入侵检测方法不同于基于签名的检测，它不依赖于已知的攻击签名，而是通过分析系统的正常运行状态，建立一个行为基线。当系统行为偏离这些正常模式时，系统会标记该行为为异常，并可能发出警告或采取进一步的防御措施。

基于异常的入侵检测系统通常采用以下几个步骤：

①正常行为基线的建立。通过对系统长时间的监控，收集设备、用户和网络的正常行为数据，并建立一个行为模型。这个模型可以是基于统计数据、机器学习算法或人工智能技术的。

②实时监控和检测。系统持续监控网络流量、设备状态和用户行为，并将实时数据与已建立的正常行为基线进行对比，识别出与正常模式不符的活动。

③报警与响应。一旦检测到偏离正常基线的行为，系统会发出警报并记录详细信息，管理员可以根据这些信息采取适当的措施，如阻止可疑流量、隔离设备或进一步调查。

④动态调整基线。由于电力 CPS 中的运行状态可能会随着时间的推移发生变化，基于异常的检测系统需要不断调整和优化其行为基线，以适应新的正常行为模式。

9.3.2　异常检测的关键技术与实现方法

为了实现异常检测，电力 CPS 需要依赖多种先进的技术和算法。以下是基于异常检测系统中常用的几种关键技术。

（1）统计学模型

基于统计学的异常检测方法是最早的实现之一。它通过计算正常系统行为的统计特征（如流量速率、数据包长度、传输频率等），建立一个正常行为的分布模型。任何偏离这种分布的行为都会被认为是异常。

例如，在电力系统中，某个传感器每分钟发送的数据包数通常稳定在一定范围内，如果某一时刻该传感器的数据包数突然剧增，可能暗示其遭受了攻击或被篡改。

（2）基于规则的检测

这种方法通过预定义一系列规则来检测异常行为。规则可以根据系统的具体业务需求来定制，主要用于检测违反系统操作规范或政策的行为。

例如，在电力 CPS 中，可以设置一个规则，要求远程维护人员只能在特定时段进行访问。如果检测到非授权时段的访问行为，系统会将其标记为异常。

（3）机器学习与人工智能

随着计算能力的提升，基于机器学习的异常检测技术逐渐成为主流。通过训练模型，机器学习算法可以自动学习正常行为模式，并根据新的数据自动调整行为基线。这种方法在应对复杂和动态变化的系统时尤为有效。

（4）时间序列分析

电力 CPS 的行为模式经常呈现周期性或时间相关性。通过时间序列分析，系统能够预测未来的正常行为，并在检测到偏离预期的行为时发出警报。

例如，某发电设备每天的负荷在不同时间段会呈现一定的周期性波动。如果某天的负荷变化模式与历史数据相比明显异常，则可能提示系统存在安全威胁。

9.3.3　基于异常的入侵检测在电力 CPS 中的应用

电力 CPS 作为关键基础设施，其安全性直接影响电力系统的可靠运行。基于异常的入侵检测方法因其能够检测未知威胁和隐藏攻击，成为电力系统中一种非常有前景的安全防护技术。

（1）智能电网中的异常检测

智能电网中包含大量的分布式能源、智能电表、传感器和控制器等设备，这些设备之间的数据交互极为频繁且具有实时性。然而，由于智能电网的分布式特性，传统的基于签名的检测方法无法应对大量分散的设备和数据流量。

通过对电力数据的长期监控，基于异常的检测系统可以识别智能电表或传感器的异常操作。例如，某个电表的用电数据突然异常，可能意味着其遭到篡改或攻击。

（2）SCADA 系统中的异常检测

SCADA 系统作为电力 CPS 中的关键控制系统，一旦受到攻击，可能对整个电力网络产生灾难性影响。SCADA 系统的操作通常较为固定，且有严格的控制流程，因此非常适合基于异常的检测方法。

SCADA 系统的网络流量和操作命令具有固定的模式，基于异常的检测系统可以通过监控这些操作命令的行为，识别潜在的攻击或误操作。例如，某控制指令的发送频率突然增高，可能提示系统正在遭遇攻击者的干扰。

（3）变电站和配电网的防护

变电站和配电网是电力系统的核心节点。攻击者可能会通过物理入侵或网络攻击来破坏变电站的运行。由于这些设施的正常操作流程较为稳定，基于异常的检测系统可以有效识别任何偏离正常操作流程的行为。

例如，在变电站中，设备的启动、停机和维护操作有固定的时间和操作步骤。基于异常的检测系统可以监控这些操作步骤的执行，一旦发现未授权的操作步骤或异常频率的设备启动，系统将立即触发警报。

9.3.4　基于异常的入侵检测的优势与挑战

与传统的基于签名的入侵检测相比，基于异常的检测方法具有以下几大优势。

（1）能够检测未知攻击

基于异常的检测方法不依赖已知的攻击模式，而是通过识别偏离正常行为的异常活动来检测威胁。因此，系统能够识别出从未见过的攻击类型或变种攻击，这一点在应对新兴的高级持续性威胁（APT）时尤为重要。

（2）内部威胁检测能力强

在许多攻击场景中，攻击者可能通过获取内部合法用户的权限，绕过传统的外部防火墙和签名检测系统。基于异常的检测系统可以识别内部用户的异常行为，如权限滥用或异常登录，帮助管理员发现潜在的内部威胁。

（3）适应复杂多变的网络环境

电力 CPS 中的网络流量和设备状态可能频繁发生变化，特别是在智能电网中，设备的接入和通信模式随时可能发生动态调整。基于异常的检测方法能够动态适应这些变化，及时更新行为基线，保证系统的检测能力不会因网络拓扑或设备状态的变化而降低。

尽管基于异常的检测方法具有显著优势，但其在实际应用中仍然面临一些挑战：

（1）高误报率

由于正常行为的多样性和复杂性，基于异常的检测系统在初期往往会产生较高的误报率。系统可能将一些偏离常规操作但无害的行为标记为异常，从而增加了管理员的负担。尤其是在电力 CPS 这种复杂环境中，设备、用户行为和网络流量可能随着时间、外部条件和操作需求的变化呈现多样性，这使系统在识别正常行为时更加困难。一些正当的系统操作可能被误认为是异常行为，导致系统频繁发出误报，增加了管理员的工作负担，影响系统的整体效能。

为了降低误报率，系统可以引入基于机器学习的自适应算法，不断对行为基线进行调整和优化。通过分析更多的历史数据和行为模式,机器学习模型可以减少误报的发生。管理员也可以通过手动标记误报,帮助系统学习并优化检测逻辑。

(2) 建立行为基线的难度

电力 CPS 中的行为模式可能相对复杂且变化多端。建立一个准确的行为基线是基于异常检测的关键,但由于电力系统中涉及的设备和通信模式多样,行为基线的构建面临较大的挑战。特别是在动态负载调节和设备维护期间,系统的正常行为会出现较大波动。

为了建立一个准确的行为基线,可以通过长时间采集系统的操作数据,构建一个涵盖多种业务场景的行为模型。同时,采用动态基线技术,使系统能够在不同的负载状态下生成多个基线模型,并在系统状态切换时自动调整对应的基线。

(3) 计算与存储开销

由于基于异常的检测方法需要实时监控大量数据,并不断对比当前行为与历史基线,因此其计算开销和存储需求较高。在大规模电力系统中,特别是智能电网的场景下,设备和传感器的数据流量巨大,实时处理这些数据对系统的计算能力提出了较高要求。

为此,电力公司可以采用边缘计算技术,将数据处理能力分布到靠近数据源的边缘节点,减少中央服务器的处理负担。同时,通过智能压缩和数据聚合技术,降低存储需求,确保系统的实时性和有效性。

(4) 动态环境下的适应性

电力 CPS 通常具有动态的运行环境,包括设备的频繁加入和退出、通信拓扑的改变以及负载波动等。这种动态性使得基于异常的检测方法需要具备足够的适应能力,能够根据环境的变化实时调整行为基线。如果系统无法快速适应这些变化,可能会导致漏报或误报。

在电力 CPS 中可以引入自适应学习算法,结合环境感知技术,能够根据网络和设备的动态变化,自动调整检测策略和行为基线。此外,利用多模型的检测框架,系统可以针对不同的运行环境选择最适合的基线模型,提升对异常行为的识别准确性。

基于异常的入侵检测方法为电力 CPS 提供了一种强大的安全防护手段,尤其是在面对未知威胁和复杂攻击时表现出色。通过建立正常行为的基线,系统能够检测出偏离常规的操作,并及时发出警报,从而为电力公司提供额外的安全保障。

尽管该方法在检测能力上具备显著优势,但在实际应用中仍面临误报率高、计算开销大和适应动态环境等挑战。通过结合人工智能、深度学习、边缘计算和分布式检测等先进技术,未来的异常检测系统将能够进一步提升性能和效率,成为电力 CPS 安全防护体系中的重要组成部分。

基于异常的入侵检测方法与基于签名的检测方法相辅相成,构建出一个全面、多层次的电力 CPS 入侵检测体系,为电力系统的稳定运行提供更加坚实的安全保障。

9.4　防御机制的实施与实时监控策略

电力 CPS 作为关键的基础设施,其安全性不仅影响整个电力网络的运行效率和可靠性,还直接关系到社会经济的正常运作。因此,针对电力 CPS 的防御机制需要具备高度的灵活性、可操作性以及实时监控能力,以应对各类潜在的网络攻击和物理威胁。为了确保系统的安全运行，实施有效的防御机制与建立实时监控策略是必不可少的。

本节将详细讨论电力 CPS 中防御机制的实施方法，并介绍实时监控策略，结合电力 CPS 的特点与需求，提出适合电力系统的多层次防御机制，确保系统的安全与稳定。

9.4.1 防御机制的概述

防御机制（Defense Mechanism）在电力 CPS 中承担着重要的安全防护任务，它包括多个层次的安全防御策略，旨在对系统中的网络层、物理层、数据层以及应用层等进行全面防护。防御机制的主要目标是检测、响应、恢复以及防止系统遭到网络攻击或物理破坏，确保电力设备的稳定运行。

（1）主动防御与被动防御

①主动防御。主动防御机制通过实时监控和预警系统，主动探测和识别潜在的威胁，并在威胁发生之前采取措施。例如，基于异常检测技术的入侵检测系统可以通过分析网络流量和设备行为，识别潜在的攻击模式，并自动调整系统的安全策略以应对威胁。

②被动防御。被动防御则侧重于在攻击发生后保护系统，减少攻击对系统的影响并恢复系统的正常运行。例如，采用备份恢复机制确保在遭遇攻击时可以通过还原数据减少损失，或通过隔离受感染的系统区域来防止攻击进一步扩散。

（2）分层防御

电力 CPS 的防御机制通常采用分层防御策略，包括物理层、网络层、数据层和应用层的防护。在每个层次上，防御机制侧重于不同的安全需求和威胁防护。

①物理层防御。电力设备、变电站和发电站等物理资产的防护主要依靠安全监控和访问控制措施，防止物理入侵。

②网络层防御。网络防御包括对通信网络的监控与保护，防止未经授权的网络访问、数据篡改和恶意流量进入电力系统。

③数据层防御。数据层防护侧重于数据的加密、存储和访问控制，确保数据在传输和存储中的完整性、保密性和可用性。

④应用层防御。应用层的安全措施包括对系统应用程序和管理平台的防护，防止恶意代码注入、权限滥用等威胁。

9.4.2 实时监控策略的关键组成

实时监控（Real-Time Monitoring）是电力 CPS 中防御机制的重要组成部分。通过实时监控，可以及时发现系统中的异常行为和潜在威胁，并迅速采取相应的防护措施，防止攻击对系统造成大规模影响。

（1）网络流量监控

网络流量监控是实时监控的核心组成部分之一，通过分析网络中数据包的传输情况，识别异常流量模式。例如，持续增加的数据流量可能是分布式拒绝服务攻击（DDoS）的迹象。流量监控不仅可以实时检测外部攻击，还可以发现内部设备或用户的异常行为。

为实现网络流量监控，电力公司可以部署基于流量的监控系统，如网络流量分析工具和防火墙日志系统，持续监控电力系统中的通信流量，并将异常流量实时反馈给安全运营中心。

（2）行为分析与异常检测

实时行为分析依赖对设备和用户行为的基线建立，识别出偏离正常模式的操作行为。基于机器学习和人工智能技术的异常检测系统，可以自动检测用户登录、设备访问、数据传输等环节中的异常情况，并及时预警。

为实现实时行为分析与异常检测，电力 CPS 可以利用深度学习或聚类分析等机器学习算法，对设备和用户的历史行为进行建模，并实时对比当前操作与历史行为，检测出潜在的威胁。例如，如果一个操作员在非工作时间频繁访问控制系统，这种行为会被标记为异常。

（3）物联网设备的监控

电力 CPS 中的物联网设备（如智能电表、传感器和控制器）是系统的重要组成部分，也是潜在的攻击目标。实时监控这些设备的运行状态和通信行为，可以及时发现被恶意控制或篡改的设备，并采取措施隔离或关闭这些设备，防止攻击扩散。

实时监控策略可以通过边缘计算实现，将监控功能分布到靠近设备的边缘节点，并在中央服务器集中管理和分析这些数据。这样，监控系统不仅可以实时掌握每个设备的运行状态，还可以减少网络传输延迟，提升监控效率。

（4）数据完整性与安全监控

数据层面的实时监控主要关注数据的完整性、保密性和可用性。在电力 CPS 中，监控数据的传输和存储过程，可以有效防止数据篡改或泄露。常见的监控措施包括数据加密、访问控制和完整性校验。因此，在数据传输过程中，可以采用 SSL/TLS 加密协议确保通信的安全性，并在数据传输前后进行校验，保证数据未被篡改。在存储层，采用基于区块链的分布式账本技术可以提升数据的不可篡改性。

9.4.3　电力 CPS 防御机制的实施步骤

要确保防御机制的有效性，电力公司必须按照系统化的步骤实施防御策略。这包括风险评估、系统设计、防御机制实施和持续监控与改进等多个阶段。

（1）风险评估

在实施防御机制之前，首先需要对电力 CPS 的风险进行全面评估。这包括识别系统的关键资产、潜在的威胁源、系统的脆弱性，以及攻击可能对系统产生的影响。通过风险评估，可以确定优先保护的目标，并针对最可能的威胁制定防御策略。

为了实施风险评估，可以使用威胁建模工具，如 STRIDE 或 DREAD，对系统进行全面的威胁分析，并根据风险等级制订防御计划。

（2）系统设计

根据风险评估结果，设计防御系统的架构和策略。这包括物理防护、网络隔离、访问控制、入侵检测和响应机制等。系统设计过程中，应结合电力 CPS 的业务特点，考虑如何最大化防护效果，最小化对系统性能的影响。

在系统设计时应遵循最小权限原则和分层防御策略，确保每个设备、用户和服务仅能访问其必要的资源，且在每一层次上都具备独立的防护措施。

（3）防御机制实施

防御机制实施包括在系统各个层次上部署相应的安全设备和软件，如防火墙、入侵检测系统、身份认证机制和加密协议。实施过程中应确保所有的安全机制能够无缝集成，保证系统的实时性与可靠性。

在实施过程中，防御机制需要进行充分测试，确保其能够在真实的攻击环境下发挥预期效果。电力公司应定期进行渗透测试和模拟攻击，验证防御机制的有效性。

（4）持续监控与改进

防御机制一旦部署，电力公司还需进行持续的监控和优化。实时监控策略通过收集和分析系统的运行数据，识别潜在的安全漏洞，并通过定期更新安全策略和防御工具，提升系统的防护能力。

安全团队应定期对防御机制进行评估，根据监控数据中的反馈和新出现的威胁调整防御措施。此外，通过引入人工智能和自动化技术，可进一步优化防御机制的效率和响应速度。

防御机制与实时监控策略的有效结合是确保电力CPS安全防护的关键。通过将主动防御和实时监控相结合，系统可以在检测到异常行为的同时迅速作出反应，阻止攻击扩散并减少损害。

例如，系统在检测到变电站控制命令的异常增多时，实时监控机制能够立即生成警报，通知管理人员，随后防御机制自动封锁未经授权的操作，从而避免攻击进一步扩展。防御机制与实时监控的结合使系统具备了更加主动的安全防护能力，并能够在攻击发生时迅速作出反应。

9.4.4　实时响应策略与自动化防御

在电力CPS中，攻击可能会在短时间内对系统产生严重破坏。因此，防御机制需要具备实时响应能力，通过自动化工具在最短时间内检测并阻止潜在攻击。为了实现这一目标，自动化防御成了实时响应策略中的重要组成部分。

（1）实时响应策略的关键要素

实时响应策略的核心是能够在威胁发生的瞬间立即作出反应，而不是依赖人工干预。自动化系统可以根据预设的安全策略，检测威胁后自动采取适当的措施，如阻止恶意流量、隔离受感染设备、调整访问权限等。

①自动化威胁响应。通过自动化的威胁响应机制，系统可以减少对人为操作的依赖，并大大缩短响应时间。例如，在DDoS攻击检测到后，系统可以自动调整网络带宽或将恶意流量导入黑洞路由，从而减轻攻击对网络性能的影响。

②事件优先级管理。电力CPS中的事件优先级管理至关重要。在大规模入侵时，自动化系统应根据威胁等级和影响范围优先处理高风险事件，如对发电站的攻击优先于对普通设备的攻击。

（2）基于人工智能的自动化防御

人工智能（AI）和机器学习（ML）技术的引入显著提升了电力CPS的自动化防御能力。通过对历史数据的学习和实时数据的分析，AI系统可以自动识别并应对复杂的攻击模式，包括未知攻击和高级持续性威胁（APT）。

①自动化防御模型。基于 AI 的自动化防御系统可以学习正常的系统操作行为，并在检测到异常时自动采取行动。例如，某设备出现异常的通信行为，系统可以自动封锁该设备的外部通信，防止威胁扩散。

②AI 驱动的防御优化。随着时间的推移，AI 技术可以帮助防御系统逐渐优化策略和响应速度。通过不断分析来自各个设备和网络节点的数据，AI 系统能够调整防御策略以应对最新的攻击手段，并减少误报和漏报。

（3）主动式恢复与冗余机制

除了实时监控和防御之外，电力 CPS 还应具备主动恢复机制，以确保在遭受攻击后能够快速恢复到正常状态。主动恢复与冗余机制通过自动化工具实现，对关键基础设施的冗余备份和自动恢复提供保障。

①冗余备份。通过对关键设备和系统的数据和操作进行定期备份，防止在系统遭受攻击或设备故障后，造成不可逆的损害。实时监控系统在检测到攻击时可以自动启动冗余备份，防止数据丢失。

②自动恢复。在攻击结束或威胁消除后，系统可以自动恢复到正常状态，减少人为干预和恢复时间。例如，在电力调度系统受到攻击时，自动化防御机制可以隔离受影响的设备，并在系统稳定后通过备份数据恢复其操作。

9.4.5　电力 CPS 的未来防御方向

随着电力 CPS 的发展，网络攻击的形式变得更加复杂，防御机制也必须随之升级。以下是电力 CPS 防御机制的未来发展方向。

（1）基于零信任架构的防御

零信任架构（ZTA）是一种基于"永不信任、始终验证"理念的安全策略，特别适用于电力 CPS 这样的分布式系统。未来，基于零信任的防御机制将得到广泛应用，确保所有设备、用户和通信都要经过严格的身份验证和权限控制，才能访问系统资源。

未来，电力公司可以在系统的各个层面实施零信任架构，从物理层设备到应用层数据，确保每个操作和通信都经过验证，防止未授权的设备或用户接入系统。

（2）量子计算技术对安全防御的影响

量子计算技术的迅猛发展为电力 CPS 的防御机制带来了新的挑战和机遇。量子计算有可能破解现有的加密算法，这意味着未来的防御机制需要对抗量子计算的安全威胁。与此同时，量子加密技术的引入则可以为电力 CPS 提供更强的加密保护。

未来，通过引入量子密钥分发（Quantum Key Distribution，QKD）等技术，电力 CPS 可以显著提高通信的安全性，确保在面对量子计算攻击时，数据传输的安全性不会受到影响。

（3）云原生安全防御技术

随着越来越多的电力公司采用云计算来管理数据和控制系统，云原生防御技术将成为防御机制的重要组成部分。云原生安全技术不仅可以提升系统的可扩展性，还可以通过自动化和智能化的安全工具实时监控云端操作，防止数据泄露和外部攻击。

未来，通过在云平台上实施基于容器的安全防护措施，电力 CPS 可以动态调整和扩展防御策略，在面对新型网络攻击时能够迅速响应。

防御机制的实施与实时监控策略在电力 CPS 中扮演着至关重要的角色。通过多层次的防御机制，结合实时监控与自动化防御工具，电力公司能够在复杂的网络环境中确保系统的安全性和稳定性。未来，随着人工智能、量子计算和云原生技术的发展，电力 CPS 的防御机制将变得更加智能化和主动化，具备更强的响应速度和防御能力。

通过持续优化防御策略，电力公司不仅能够防止网络攻击的侵害，还能确保在遭受攻击后能够迅速恢复正常运营。这不仅是保障电力系统稳定运行的关键，也是应对未来网络威胁和技术变革的必要措施。

尽管入侵检测系统能够有效地监控和应对潜在的安全威胁，但在面对复杂多变的攻击环境时，单一的检测和响应机制可能不足以提供全面的保护。因此，构建一个灵活、全面且高效的防御模型成了电力 CPS 网络安全的关键。通过整合智能防御、自动化响应以及恢复和自愈机制，我们可以增强系统的应变能力和稳定性。接下来，第 10 章将深入探讨如何设计和实现一个多层次的电力 CPS 防御模型，以应对不断演化的安全挑战并优化系统的安全防护能力。

第10章 电力CPS的网络安全防御模型与实现

本章将综合分析电力CPS的各类防御模型与技术实现方案，探讨如何构建一个全面、灵活且高效的防御体系。通过对智能防御、自动化响应、恢复与自愈机制等核心概念的深入讨论，本章为系统设计者提供了关于如何优化网络安全模型的参考建议。最后，通过不同防御策略的比较与优化，进一步完善电力CPS的安全防护能力。

10.1 电力CPS防御模型的设计原则

电力CPS作为一个集成了复杂物理设备和信息技术的关键基础设施，其网络安全防护至关重要。由于电力CPS面临多种复杂且不断演变的威胁，构建一个有效的网络安全防御模型不仅需要涵盖广泛的威胁向量，还需要兼顾系统的高可用性、实时性以及稳定性[121]。因此，防御模型的设计必须遵循一系列核心原则，以确保能够全面防护系统的网络和物理组件，同时保证系统在面对攻击时的鲁棒性和应变能力。

本节将详细讨论电力CPS防御模型的设计原则，结合现代网络安全框架和电力系统的具体需求，提出符合实际应用场景的防御模型设计方法。

10.1.1 全面覆盖与多层次防护原则

一个有效的电力CPS防御模型需要具备全面覆盖能力，能够涵盖从物理层、网络层到应用层的所有安全需求。这意味着防御模型不仅要保护电力设备的物理安全，还需要监控和防护信息流、控制信号，以及数据传输的安全性。此外，电力系统作为一个动态且分布式的系统，必须确保各个层次之间的防护策略能够无缝结合，形成多层次的安全保障体系。

（1）物理层的防护

物理层是电力CPS的基础，它包括发电站、变电站、传输线路、配电设备以及智能终端设备等。对于物理层的防护，重点在于防止物理破坏、非法访问以及物理入侵。物理层的防御模型设计应包括以下几个要点：

①设备安全隔离。关键电力设备必须被物理隔离或位于安全区域，确保只有经过授权的人员才能够进入这些区域。例如，发电机房和配电站应配备门禁系统、视频监控以及实时入侵报警系统。

②防破坏机制。针对物理破坏的防护措施应包括自动化设备检测、紧急停机系统，以及在发生物理破坏时的快速恢复机制。例如，关键设备应具备冗余设计，在主设备遭到破坏时，能够迅速切换到备用设备。

（2）网络层的防护

电力 CPS 中的网络通信承载着大量的控制指令和状态数据，这些信息的安全性直接影响到整个系统的稳定运行。因此，网络层的防护模型必须具备强大的抵御网络攻击的能力，包括防止数据包拦截、网络渗透、拒绝服务攻击（DDoS）等。

①加密通信。所有的网络通信，特别是控制指令的传输，必须经过加密处理。采用端到端加密（如 TLS、IPSec）确保数据在传输过程中不被拦截或篡改。

②网络隔离与分段。为了减少攻击面，网络应根据设备功能进行分段隔离。控制网络、管理网络和用户网络应分开部署，互不干扰。通过网络隔离，可以有效防止攻击者通过一个薄弱点进入整个网络。

③流量监控与防火墙。实时监控网络流量，识别并阻止异常的网络行为。防火墙和入侵检测系统（IDS）应部署在关键网络节点，过滤恶意流量，确保网络安全。

（3）数据层的防护

数据是电力 CPS 运行的核心资产，包括用户数据、控制数据、运行状态数据等。数据的安全性涉及存储、传输和访问控制，防御模型必须确保数据的保密性、完整性和可用性。

①数据加密与存储保护。所有关键数据应当加密存储，特别是在云环境中的数据。即使攻击者渗透到存储系统中，也难以解密和获取关键信息。

②数据备份与恢复。防御模型应设计完善的备份机制，定期进行数据备份，确保在遭遇勒索软件或破坏性攻击时，系统能够迅速恢复数据并重新上线。

③访问控制与身份认证。基于角色的访问控制（RBAC）和多因素认证（MFA）应作为数据访问的基本要求，确保只有经过授权的用户和设备才能访问敏感数据。

（4）应用层的防护

应用层的防护模型侧重于电力管理系统、SCADA 系统以及其他控制系统的安全保护。由于这些系统直接控制着电力设备的运行，一旦遭到攻击，可能导致严重的后果。因此，应用层的安全设计应特别关注以下 3 个方面。

①漏洞管理与安全更新。所有应用系统必须进行定期的安全审计和漏洞修补。防御模型应包含自动更新机制，确保系统能够第一时间获得最新的安全补丁。

②访问审计与日志管理。应用层的每一次访问和操作都应被记录并进行审计。日志系统应具备防篡改能力，确保攻击者无法删除或修改操作记录。

③恶意代码检测与隔离。针对应用系统的恶意代码攻击，防御模型应具备有效的检测和隔离机制，确保恶意代码不会通过应用层渗透至系统核心。

10.1.2　安全与性能的平衡原则

在设计电力 CPS 的防御模型时，安全性和系统性能的平衡是一个重要的设计原则。由于电力系统的实时性要求高，防御模型在保证系统安全的同时，不能影响电力系统的正常运行和效率。因此，设计过程中需要针对不同场景和需求，在安全性和性能之间找到最佳平衡点。

（1）实时性与响应时间的考量

电力 CPS 的许多任务具有严格的实时性要求，特别是电力调度和负荷平衡等关键操作。

因此，防御模型中的安全机制不能导致系统响应时间显著延迟。具体实施中，应考虑以下因素：

①轻量化加密算法。在需要加密通信的场景中，应选择既能提供安全性又不会导致较大延迟的加密算法。轻量化的加密算法，如 AES-128，可以在保证安全性的前提下减少对系统性能的影响。

②智能流量管理。实时流量监控应当采用智能化流量管理方案，通过机器学习算法进行异常行为的分析和检测，避免对正常流量的过度处理，从而减少对网络性能的影响。

（2）系统冗余与资源调度

为确保在攻击发生时系统依然能够稳定运行，防御模型应设计合理的系统冗余机制，并配备动态资源调度能力。通过冗余设计，系统可以在受到攻击时快速切换到备用系统，确保业务不中断。同时，资源调度系统应具备实时调整能力，能够根据系统负载动态分配资源，避免资源耗尽。

①负载均衡机制。在电力 CPS 中引入负载均衡机制，使多个系统实例可以共同分担任务。当某个实例受到攻击或故障时，其他实例可以自动接管其任务，确保系统的连续性。

②灾备与快速恢复。设计有效的灾备系统，确保在主系统遭受攻击或出现故障时，能够迅速启用备份系统进行恢复。通过数据备份和操作记录的冗余保护，确保系统在发生故障后能够尽快恢复到正常状态。

10.1.3　自适应与灵活扩展性原则

随着电力 CPS 的规模不断扩大以及攻击技术的不断演进，防御模型需要具备自适应和灵活扩展的能力。这一原则要求防御系统能够根据新的安全需求进行动态调整，并且支持模块化的扩展，以应对未来潜在的安全威胁。

（1）自动化的安全策略调整

防御模型应具备智能化和自动化的安全策略调整能力。通过引入机器学习和人工智能技术，系统可以根据实时监控数据自动调整安全策略，识别潜在威胁并动态应对。例如，系统可以根据流量变化情况自动调整防火墙规则，确保既能阻止攻击，又不会影响正常业务流量。

在设计防御模型时，应集成自动化的策略管理模块，通过分析系统运行数据和安全事件，自动生成或调整安全策略，减少人工干预和决策时间。

（2）模块化与可扩展设计

防御模型应具有模块化设计，便于随时根据需求进行扩展和更新。模块化的设计不仅可以提升系统的灵活性，还可以通过分步实施的方式减少对系统的影响，同时保证后续系统的可扩展性。例如，在面对新型攻击时，电力 CPS 可以通过扩展现有的防御模块，如增加新的入侵检测或防御工具，以应对新出现的安全挑战。这种模块化设计能够减少系统停机时间，确保在不中断业务的情况下进行系统扩展。

为了实现灵活扩展，防御模型可以采用微服务架构，将安全功能模块化。每个模块独立运行，可以根据实际需求进行更新或替换，避免影响整体系统的稳定性。这种架构在云计算和分布式系统中得到了广泛应用。

（3）协同工作与互操作性

电力 CPS 的防御模型必须支持跨系统、跨部门的协同工作，确保各个安全模块之间能够无缝协作。例如，网络层的防御机制需要与应用层的安全策略协调一致，保证攻击在不同层次都能被有效防御。此外，电力 CPS 中的安全防御系统还需要与其他信息系统、外部监管机构和供应商的系统实现互操作，以确保安全事件能够得到快速响应和处理。

①跨部门协作。防御模型应建立跨部门的信息共享平台，确保网络安全部门、物理安全部门以及运营维护部门之间能够共享安全事件信息，并及时作出协调响应。通过信息共享，减少信息孤岛问题，确保各个部门能够协同应对复杂攻击。

②互操作性与标准化接口。为了实现防御系统与第三方系统的互操作性，防御模型应采用标准化的接口和通信协议（如 REST API、SOAP 等），确保与外部系统的兼容性。这一原则对于供应链安全和跨组织安全防护尤其重要。

10.1.4　防御模型的自愈能力

电力 CPS 中的防御模型还应具备自愈能力，即在遭遇攻击或发生故障时，系统能够自动识别问题、隔离故障区域并快速修复。自愈能力是提高系统鲁棒性和安全性的关键之一，特别是在面对复杂、持续的攻击时，系统的自我修复能力可以显著降低损失和停机时间。

（1）自动故障检测与隔离

自愈系统的核心是能够自动检测到网络攻击或设备故障，并及时采取隔离措施，防止问题扩散。防御模型应集成智能故障检测工具，通过实时监控网络流量、设备状态和系统日志，迅速识别出异常行为，并自动将受感染的设备或网络节点从系统中隔离。

例如，当某个发电设备遭到网络攻击或出现运行异常时，防御系统可以自动关闭该设备的网络连接，并通知管理员进行进一步处理。与此同时，系统应启动备用设备，确保发电过程不中断。

（2）自适应修复与冗余恢复

自愈能力还包括自适应修复机制，通过自动化的系统调整和补丁管理，使系统能够在遭遇攻击后自行修复。例如，自动化补丁管理系统可以根据最新的安全漏洞信息自动更新设备或软件，确保系统始终处于安全状态。此外，系统中的冗余设计确保在某个模块发生故障时，备用模块可以立即接管任务，防止系统中断。

①自动化补丁更新。防御模型应设计自动化的补丁更新机制，通过自动扫描设备的漏洞状态，并根据最新的安全情报和攻击信息，自动进行漏洞修补和安全更新，确保系统持续处于最佳防御状态。

②冗余备份与快速切换。通过在关键设备和系统节点部署冗余备份，防御模型可以实现实时切换。当某个节点发生故障或受到攻击时，系统能够自动将任务切换至备份节点，确保业务不中断。

（3）人工智能驱动的预测性维护

在现代电力 CPS 中，预测性维护（Predictive Maintenance）是自愈系统的重要组成部分。通过人工智能技术，系统能够基于历史数据和实时监控数据，预测潜在的设备故障和安全威胁，并提前采取防护措施，防止问题进一步恶化。

通过部署基于机器学习的预测模型，系统可以提前检测到某些设备的异常行为，并建议进行维护或调整操作。这样，防御模型可以预防潜在的安全威胁，将系统中断风险降到最低。

10.1.5　电力 CPS 防御模型的持续演进

电力 CPS 的网络安全防御模型必须具备持续演进的能力，以应对不断变化的网络威胁和技术挑战。网络攻击者的手段不断进化，防御系统也必须通过持续更新和技术创新，保持对最新攻击手段的应对能力。为此，防御模型应具备长期可持续发展能力，支持新技术的集成与更新。

（1）威胁情报驱动的安全策略更新

电力 CPS 的防御模型必须基于最新的威胁情报，及时更新安全策略。通过与威胁情报平台对接，防御模型能够实时获取全球范围内的最新攻击情报，并将其集成到现有防御策略中，确保系统始终能够应对最前沿的攻击手段。

防御模型应支持与外部威胁情报平台的对接，自动收集最新的攻击情报信息，并据此更新防火墙规则、入侵检测系统的签名库以及访问控制策略。

（2）新兴技术的集成与适应

随着新技术的不断涌现，电力 CPS 的防御模型需要具备强大的技术适应能力。例如，随着量子计算和量子加密技术的发展，现有的加密算法可能面临新的挑战，防御模型必须能够迅速整合新兴加密技术，以应对量子计算攻击的潜在威胁。

防御模型应包括对量子加密和量子密钥分发技术的预研，并在量子计算攻击成为现实威胁之前，做好安全防护措施的升级准备。

（3）安全审计与持续改进

安全审计是防御模型的持续演进过程中不可或缺的一部分。通过定期对系统的安全机制进行评估，识别现有防御策略的不足，并根据审计结果对系统进行优化和调整，防御模型能够不断提升其应对新威胁的能力。

电力 CPS 的防御模型应定期进行安全评估，确保所有防护措施都能够发挥预期的效果。审计结果应反馈到系统设计和运营环节，推动安全机制的持续改进和升级。

电力 CPS 的防御模型设计是一个复杂且多层次的任务，需要从物理层、网络层、数据层和应用层多方面进行综合考量。防御模型的设计原则包括全面覆盖与多层次防护、安全与性能的平衡、自适应与灵活扩展，以及系统的自愈能力。通过将这些原则融入防御模型中，电力 CPS 可以有效抵御不断演化的网络威胁，并确保系统在遭遇攻击或故障时依然能够保持稳定和安全的运行。

未来，随着新兴技术的不断发展，电力 CPS 的防御模型也将持续演进。通过威胁情报驱动的策略更新、预测性维护、自动化响应等手段，防御系统将进一步提高其智能化水平，帮助电力公司构建更加稳健和灵活的网络安全体系。

10. 2 智能防御与响应技术

在现代电力 CPS 中，随着网络威胁的复杂性和规模日益增长，传统的网络防御策略已无法应对高效且复杂的攻击。因此，智能防御与响应技术成为了电力 CPS 防御系统的核心部分。智能防御不仅通过先进的技术手段提升系统的防护能力，还通过实时分析和响应机制，实现对潜在攻击的自动化检测、分析和应对。结合机器学习、人工智能（AI）、大数据分析和自动化响应等技术，智能防御系统能够在攻击者发起行动之前预见威胁，并采取相应的对策。

本节将从智能防御的基本概念入手，讨论其核心技术、实现方法以及在电力 CPS 中的具体应用场景，探索如何利用先进技术构建更加灵活、高效、智能的防御系统。

10. 2. 1 智能防御的基本概念

智能防御技术是一种利用人工智能和大数据分析技术对系统中可能的安全威胁进行预测、检测、响应的防御机制。智能防御不仅能检测和响应已知威胁，还能够通过不断学习、分析系统的运行情况，识别潜在威胁并主动采取措施。因此，它是一种从"被动防御"向"主动防御"转变的技术途径，极大地提升了系统应对复杂威胁的能力。

（1）主动防御与自动化响应

传统的网络防御策略大多依赖于签名检测、手动分析和应对，但这种方法效率低且无法应对零日攻击和高级持续性威胁（Advanced Persistent Threats，APT）。而智能防御技术能够通过自动化的工具对潜在攻击进行预测，并主动调整防护策略，在攻击发生前进行干预。这种主动防御可以在网络威胁真正影响系统之前，将其遏制或消除。

（2）实时监控与动态响应

智能防御技术的另一个核心特点是实时监控和动态响应。通过对网络流量、用户行为和设备状态进行持续监控，智能防御系统能够在威胁出现时即时响应，并根据实时数据调整防御策略。这种动态防御机制不仅能有效应对快速变化的攻击环境，还能减少响应时间，避免攻击扩大。

10. 2. 2 智能防御的核心技术

智能防御技术依赖于多种先进技术的综合运用，其中人工智能、机器学习和大数据分析是其中的关键。以下是智能防御系统的核心技术组成。

（1）机器学习与深度学习

机器学习和深度学习技术是智能防御系统的基础，通过训练模型，系统可以识别和学习电力 CPS 中正常行为的模式，并检测异常行为。基于机器学习的入侵检测系统（IDS）可以通过分析历史数据，自动识别潜在威胁并生成相应的防御策略。

①监督学习与无监督学习。在电力 CPS 中，监督学习通过带标签的数据集进行训练，识别已知的攻击模式；而无监督学习则用于检测未知威胁和异常行为，特别是在数据集缺

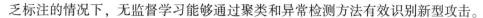

乏标注的情况下，无监督学习能够通过聚类和异常检测方法有效识别新型攻击。

②深度神经网络（DNN）。DNN 可以处理电力 CPS 中复杂的行为模式，尤其是在大量多维度数据的场景中，深度学习模型能够提取高级特征，有效检测出高级持续性威胁（APT）等复杂攻击。

（2）大数据分析

电力 CPS 每天会产生海量的实时数据，如网络流量数据、设备操作日志、用户访问记录等。通过大数据分析技术，防御系统能够从这些数据中提取有价值的安全信息，识别潜在的攻击模式，并根据历史趋势进行预测。

①数据挖掘与模式识别。大数据分析技术可以通过挖掘历史数据中的隐藏模式，帮助系统识别出异常行为。例如，通过分析网络流量的峰值波动，系统可以检测出拒绝服务攻击（DDoS）的早期迹象。

②实时数据流处理。为了应对电力 CPS 中数据流量的实时性要求，智能防御系统需要具备实时数据流处理能力。通过分布式计算平台，如 Hadoop 和 Spark，系统可以在毫秒级别对海量数据进行处理和分析。

（3）人工智能与自主学习

在智能防御系统中，人工智能（AI）技术不仅用于自动化分析，还用于实现系统的自主学习和决策能力。AI 系统能够根据不断变化的网络环境自主调整防御策略，提升系统的适应性。

①强化学习。通过强化学习，系统可以在不确定的环境下，基于反馈信息不断优化其防御策略。例如，AI 系统可以通过试探性行动，探索网络中的威胁模式，并逐渐学会如何更有效地应对这些威胁。

②专家系统与规则引擎。智能防御系统还可以集成专家系统，通过将网络安全专家的经验编码为规则，帮助系统在面对复杂攻击时作出更精确的判断和响应。

（4）自然语言处理（NLP）

自然语言处理技术可以帮助防御系统处理来自网络情报源、日志文件和文本报告的数据。通过自动分析这些非结构化数据，NLP 技术能够识别潜在的安全威胁并生成可操作的情报。

①威胁情报解析。NLP 可以帮助分析来自互联网或安全社区的威胁情报报告，自动提取出相关的攻击手段和漏洞信息，并将其集成到防御系统中。

②日志分析与异常检测。在电力 CPS 中，系统日志往往包含大量的非结构化数据，NLP 技术可以帮助系统自动解析这些日志，识别异常操作和潜在的入侵行为。

10.2.3　智能响应机制

智能防御不仅依赖于先进的检测技术，还需要具备快速、灵活的响应能力。智能响应机制通过自动化技术，实现对威胁的实时响应与处理，减少攻击带来的损害。

（1）自动化响应系统

自动化响应系统是智能防御的重要组成部分，通过自动化工具，系统可以在检测到威胁后立即采取相应的行动，如阻止恶意流量、隔离受感染设备或调整网络配置。

①自动化防火墙规则更新。当检测到异常流量或攻击时，系统可以自动更新防火墙规则，阻止攻击源的进一步操作。例如，在 DDoS 攻击的情况下，系统可以自动调整网络带宽分配，并对攻击者的 IP 地址进行封锁。

②自动化隔离机制。智能防御系统在检测到某个设备被攻击时，可以自动将其从网络中隔离，防止威胁扩散到其他设备。例如，当电力 CPS 中的某个智能电表被检测到异常行为时，系统可以自动隔离该设备，并通知管理员进行进一步调查。

（2）实时补丁管理与漏洞修复

在智能防御体系中，实时补丁管理和漏洞修复技术可以显著减少攻击者利用已知漏洞进行攻击的风险。通过自动化的补丁管理系统，防御系统能够在安全漏洞被披露后第一时间进行补丁安装或配置更新。

智能防御系统可以通过自动化工具对系统中的软件和设备进行实时补丁更新，确保在不影响系统正常运行的情况下修复已知漏洞。系统会根据漏洞严重性，优先修复可能影响电力 CPS 核心组件的漏洞。

（3）基于策略的智能决策

智能防御系统通过 AI 技术能够实现基于策略的智能决策，在攻击发生时自动选择最优的响应方案。这种基于策略的决策机制可以有效减少人为操作的延迟，并确保系统快速应对威胁。

通过分析攻击类型和网络状态，智能防御系统能够自动选择最合适的响应策略。例如，在面对某些高级持续性威胁时，系统可以选择将攻击者引导至一个虚拟环境（honeypot）进行观察，同时对系统核心区域进行加固。

10.2.4 智能防御在电力 CPS 中的应用场景

在电力 CPS 中，智能防御与响应技术的应用场景非常广泛，尤其在智能电网、发电厂和变电站等关键基础设施中，智能防御系统可以有效提升其安全性。

（1）智能电网中的防御

智能电网中包含大量的分布式设备，如智能电表、传感器、负荷控制设备等，这些物联网设备彼此相连，并通过复杂的通信网络进行数据交换和协调操作。智能防御系统可以实时监控这些设备的网络流量和行为模式，及时检测到异常行为并进行响应。例如，智能电表在某个区域内出现异常数据传输时，系统可以自动阻断该设备的通信，防止潜在的恶意攻击者通过电表进入电网系统。

在智能电网的应用中，智能防御系统可以实时监控大量的设备活动，通过大数据分析和异常检测技术，识别出潜在的攻击模式，并采取相应的应对措施。比如，如果一个区域的智能电表突然同时发生数据异常，系统可以自动调整防护策略，防止攻击通过智能电表进入整个电网。

（2）变电站和发电厂的防护

发电厂和变电站是电力 CPS 中的关键基础设施，这些系统承担着电力的生产、传输和调度，一旦遭受攻击，将直接影响电力供应的稳定性。通过智能防御系统，发电厂和变电站的安全防护得以实现自动化和智能化管理。

智能防御技术可以实时监控发电厂和变电站的控制系统和设备状态。当系统检测到异常流量或控制信号时，智能防御系统可以立即响应，如调整发电量、切断电力传输线路或切换到备用电源，防止攻击者利用漏洞或篡改控制信号。

（3）SCADA 系统的智能化防御

电力 CPS 中的 SCADA 系统用于对电力生产、传输和分配进行实时控制和监控。SCADA 系统的网络开放性较强，因此成为潜在攻击的重点目标。智能防御系统可以为 SCADA 提供实时监控和自动化响应能力。

智能防御系统通过深度学习和流量分析技术，实时检测 SCADA 系统中的异常行为，如异常的操作指令、频繁的控制请求等。若检测到恶意行为，系统可以自动调整 SCADA 网络的访问权限或封锁恶意用户的通信路径，防止攻击者进一步控制关键设施。

10. 2. 5　智能防御技术的优势与挑战

智能防御技术为电力 CPS 带来了许多优势，特别是在复杂网络环境中具有出色的应对能力，具体如下：

①自动化响应与处理。智能防御系统能够在威胁发生的瞬间作出响应，减少了对人工干预的依赖，提升了系统的防护效率。

②适应性与灵活性。通过 AI 技术，智能防御系统能够根据环境变化动态调整防护策略，适应不同类型的攻击。

③预测性防御。智能防御系统能够基于大数据分析和机器学习技术预测潜在的威胁，提前采取措施，避免损害扩大。

尽管智能防御技术具备众多优势，但其实施过程中仍面临一些挑战：

①计算资源需求。智能防御系统需要处理大量实时数据，计算资源的需求较高，特别是在电力 CPS 这种大规模分布式系统中，可能面临资源瓶颈。

②复杂度与维护成本。智能防御系统的复杂性较高，特别是引入了机器学习和 AI 技术后，系统的维护和调试需要高水平的专业技能和经验。

③误报与漏报问题。智能防御系统虽然具备强大的检测能力，但在面对复杂的环境时，误报和漏报问题依然存在。过多的误报可能干扰正常运行，而漏报则可能导致未被发现的攻击对系统产生实质性危害。

智能防御与响应技术为电力 CPS 的网络安全防护提供了全新的解决方案。通过整合人工智能、机器学习和大数据分析技术，智能防御系统能够在复杂的网络环境中实时检测和应对威胁，减少攻击带来的破坏。虽然智能防御系统在计算资源和误报率上仍存在一定挑战，但随着技术的不断发展和优化，其将成为电力 CPS 中不可或缺的安全保障手段。

10. 3　电力系统中的恢复与自愈机制

在现代电力 CPS 中，随着网络攻击和系统故障频率的增加，恢复与自愈机制的重要性日益凸显。电力系统作为关键基础设施，其运行稳定性和连续性至关重要，任何意外中断都可能对社会经济产生广泛影响。因此，电力系统需要具备快速恢复能力，并且在遭遇攻击或故障时，能够通过自愈机制自动识别和修复问题，确保系统恢复正常运行。

恢复与自愈机制不仅包括对已知威胁的快速应对和修复，还涵盖未知故障的自适应修复与预防。通过结合人工智能、大数据分析和自动化技术，现代电力系统能够实现更智能化和高效的恢复与自愈功能，从而提升其网络安全防御水平。

10.3.1 智能防御的基本概念

恢复（Recovery）是指系统在遭遇故障或攻击后，通过一系列应急操作，尽快将系统恢复到正常运行状态的过程。自愈（Self-Healing）则是指系统具备自动识别故障或异常的能力，并在无须人为干预的情况下，自动进行修复和调整，使系统能够快速恢复正常。

恢复与自愈机制的核心目标是在保证电力系统运行连续性的前提下，最大程度减少因网络攻击、设备故障等因素带来的停机和服务中断。具体而言，恢复与自愈机制的作用体现在以下几个方面：

①故障检测与隔离。系统能够实时监控各个设备和网络节点的状态，检测到故障或异常时迅速隔离受影响的区域，防止问题扩散。

②自动修复与恢复。在隔离故障区域后，系统能够通过冗余设备或备份数据自动恢复被中断的服务，确保业务的连续性。

③预防性维护与预测。通过大数据分析和机器学习技术，系统能够在故障发生前预测潜在问题，并采取预防性措施，减少实际故障的发生。

10.3.2 电力系统恢复机制的实施步骤

在电力 CPS 中，恢复机制通常是按照预先定义的步骤来实施的。由于电力系统中存在众多的关键设备和复杂的网络拓扑，恢复机制需要覆盖从设备层到系统层的各个部分，确保每一个节点都能够在最短时间内恢复正常。

（1）风险评估与优先级设定

在发生故障或攻击时，首先需要对系统中的风险进行评估，确定优先恢复的设备和服务。这一阶段的主要任务是通过风险分析工具，评估哪些设备和系统是关键的，哪些故障可能会对整个电力系统造成最大影响。

电力公司可以通过对设备重要性和风险等级的评估，设定恢复优先级。例如，发电厂和主变电站的恢复优先级应当高于次要节点和用户终端设备。

（2）自动故障检测与诊断

在恢复机制的实施过程中，自动故障检测是关键的第一步。通过实时监控系统的运行状态，系统能够自动检测出设备故障、网络异常或潜在攻击，并生成故障报告。这一过程通常依赖于基于规则的诊断工具、智能传感器网络以及机器学习算法。

电力 CPS 中的诊断工具能够实时分析系统日志、流量数据和设备状态，迅速定位故障点。例如，通过分析发电机组的运行状态，系统能够检测到负载波动或温度异常等现象，提示可能存在设备故障。

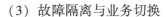

（3）故障隔离与业务切换

故障检测之后，系统需要迅速隔离故障区域，以防止问题扩散到其他设备或网络节点。隔离完成后，系统会自动将受影响的任务切换到冗余设备或备份系统上，确保业务不中断。这一阶段通常涉及网络流量的重新路由、备用设备的激活以及受影响区域的封锁。

通过软件定义网络（SDN）技术，电力 CPS 可以动态调整网络流量，将受影响区域的通信重新路由到未受影响的节点。例如，当某个变电站的通信线路受到攻击时，系统可以通过备用线路将控制信号转移到其他变电站，避免电网中断。

（4）备份恢复与数据同步

在故障隔离后，系统需要通过备份数据或备用设备进行快速恢复。备份恢复机制通常包括数据的恢复和设备配置的还原，确保系统能够尽快恢复到故障发生前的状态。此外，数据同步机制也需要在恢复过程中同步运行，确保所有节点的数据一致性。

①冗余数据备份。电力 CPS 中的关键数据（如发电调度信息、用户负荷数据等）应当定期备份。备份系统可以使用云存储技术，确保即使本地数据受到损坏，依然能够从云端恢复。

②快速恢复与设备再配置。当某个设备出现故障时，系统可以通过冗余设备和存储系统，快速恢复其配置和运行状态。例如，当某台发电机组的控制器受到攻击时，系统可以将备份的控制器配置加载到备用设备上，并通过自动化系统重新启动发电机组。

10.3.3　电力系统自愈机制的关键技术

自愈机制是电力 CPS 中的高级防护功能，能够在无须人为干预的情况下自动修复故障。自愈机制依赖于多种智能技术的结合，包括人工智能、边缘计算、大数据分析等。通过这些技术，电力系统能够在故障发生后进行自动修复，甚至在故障发生之前采取预防措施。

（1）边缘计算与智能传感器

边缘计算技术允许电力系统中的智能设备在靠近数据源的边缘节点上进行处理和分析，减少对中心服务器的依赖。通过在各个关键节点部署边缘计算设备，系统能够更快地检测和响应局部故障，并通过局部的计算能力实现自愈。

为提升边缘节点的自愈能力，边缘设备可以独立完成故障检测、诊断和修复。例如，在电力配电系统中，边缘计算设备可以实时监控电压、电流等参数，当检测到异常波动时，设备可以自动调整负载或切换备用线路，确保电力供应不中断。

（2）预测性维护与预警系统

通过大数据分析和机器学习技术，电力 CPS 能够在故障发生前预测潜在问题，并提前采取行动。这一功能称为预测性维护（Predictive Maintenance），它通过分析历史数据和实时监控数据，识别出可能出现的设备老化、部件故障或性能下降，从而提前进行维护，防止系统中断。

①机器学习的故障预测。通过对大量设备运行数据的分析，机器学习模型可以识别出早期的故障迹象。例如，通过分析发电设备的振动、温度和压力等数据，系统能够预测设备何时可能发生故障，并提前进行维修。

②预警与自动化维护。预测性维护系统能够在设备即将发生故障时，自动生成预警通

知，并建议进行维护操作。某些高级系统甚至可以在无须人工介入的情况下，自动执行维修操作，如自动更换老化部件或调整设备运行参数。

（3）人工智能驱动的自动化修复

人工智能（AI）技术在电力 CPS 的自愈机制中发挥了重要作用。通过 AI 技术，系统能够基于故障模式和历史数据，自动生成修复方案并执行修复操作。AI 不仅能够快速判断出最佳的修复路径，还能够通过学习不同的故障场景，不断优化其自愈能力。

①强化学习与智能修复。通过强化学习，系统可以在不同的故障场景中进行试探性操作，并学习到最佳的修复方案。例如，AI 系统可以在检测到电力线路的故障后，通过模拟多个修复方案，选择对电网影响最小的修复路径，并自动执行。

②专家系统与故障诊断。专家系统可以将网络安全专家的知识和经验编码为规则，用于电力系统的故障诊断和修复。AI 系统通过参考这些规则，能够快速诊断出复杂的网络攻击或系统故障，并自动执行修复操作。

10.3.4 电力系统自愈机制的应用场景

自愈机制的应用不仅限于设备的局部修复，还包括电力 CPS 整个系统的全面保护。在下列应用场景中，自愈技术能够有效地保障电力系统的连续性和安全性。

（1）智能电网中的自愈功能

智能电网作为电力 CPS 的重要组成部分，通过物联网（IoT）设备和自动化控制系统，实现了电力的智能化管理和调度。自愈技术在智能电网中的应用，主要体现在对分布式能源、负载和电网组件的故障检测与快速恢复上。由于智能电网具有高度的动态性和复杂性，传统的被动防护已无法满足其安全需求，必须依赖智能化的自愈机制。

例如，在智能电网中，分布式能源系统（如光伏发电、风力发电）往往是攻击的目标或发生故障的源头。自愈机制能够在检测到这些系统的异常时，通过自动切换到备用能源或调整电网的负荷分配，避免影响其他区域的电力供应。此外，智能电网中的智能设备（如电表、传感器）也能通过自愈机制自动修复配置错误或排除通信故障，保持系统的稳定性。

（2）发电厂中的自动化恢复与修复

发电厂是电力系统的核心枢纽，任何故障或攻击都会对整个电力供应链产生严重影响。因此，发电厂的自愈机制尤其重要。自愈机制在发电厂的应用主要体现在设备监控、自动化恢复和修复操作上。通过自愈技术，发电厂能够及时应对设备故障或网络攻击，并自动执行修复任务，确保发电机组的持续稳定运行。

在发电厂的控制系统中，自愈机制能够实时监控发电机组的运行状态，如温度、压力、转速等参数。一旦检测到参数异常，系统可以自动进行调整或激活备用设备，确保发电过程不受影响。例如，当某个发电机组的冷却系统出现问题时，系统可以自动调节其他发电机组的负荷，或激活备用的冷却设备，避免发电效率下降或设备损坏。

（3）变电站中的智能化故障修复

变电站作为电力传输的重要节点，其安全性和稳定性直接影响电网的运行。由于变电站中涉及大量的高压设备和复杂的控制系统，人工操作往往难以及时响应复杂的故障。因此，变电站中的自愈机制主要体现在自动化的故障检测与修复方面，通过智能技术实现对设备故障的快速反应和恢复。

在变电站的自愈机制中，智能设备能够对电压、电流等参数进行实时监控，一旦检测到异常波动（如过载、短路），系统能够自动调整电路、切换到备用线路或自动重合闸（Reclosing）操作，防止故障引发大范围的停电。此外，自愈系统还可以通过自动分析故障原因，生成详细的故障报告，并建议进一步的人工干预措施。

（4）配电系统中的自愈与负载管理

在配电系统中，自愈机制的主要作用是应对局部故障和负载不平衡问题。由于配电网络直接连接终端用户，任何故障都可能影响用户的用电体验。通过自愈技术，配电系统可以在发生局部故障时，迅速识别故障点并自动切换电力供应路径，确保用户不会遭受长时间的停电影响。

当某一区域的配电线路因自然灾害或设备老化发生故障时，自愈机制可以自动检测到该区域的故障，并快速将负载切换到其他可用的线路上，防止大范围停电。自愈系统还可以通过智能调度功能，自动平衡不同区域的负荷，避免电网因过载而引发更大范围的故障。

10.3.5　恢复与自愈机制的技术挑战

尽管自愈机制在电力 CPS 中有着广泛的应用前景，但其实施过程中也面临着诸多技术挑战。以下是自愈机制在实际应用中可能遇到的主要困难。

（1）数据处理与实时性要求

电力 CPS 中的自愈机制依赖于大量实时数据的采集与处理。这些数据包括设备状态、网络流量、控制指令等，处理这些数据并作出快速反应是自愈机制的核心。然而，随着电力 CPS 规模的扩大，数据量呈现爆炸式增长，如何在保证实时性的前提下处理海量数据成为了自愈机制面临的挑战。

为了解决此问题，可以通过引入边缘计算和分布式处理技术，自愈机制可以将一部分数据处理任务分散到靠近数据源的节点，减少中心服务器的负担，从而提高响应速度。同时，采用智能化的流数据处理框架（如 Apache Kafka、Apache Flink），能够在毫秒级别内完成数据的收集、分析和响应。

（2）系统复杂性与自愈策略优化

电力 CPS 中的设备和网络结构极其复杂，涉及多种异构设备和多层次的网络架构。自愈机制在设计过程中，需要针对不同的设备、网络层次和业务需求定制相应的自愈策略，这使系统的设计和维护变得复杂。此外，自愈机制的策略优化需要在快速响应和不影响正常业务之间找到平衡。

为了解决此问题，通过人工智能和机器学习技术，电力 CPS 可以实现自愈策略的动态优化。例如，强化学习技术可以帮助系统通过不断地自我学习和调整，自动优化自愈策略，使系统在不同的故障场景下能够选择最优的修复路径。通过模拟和仿真技术，系统可以在安全环境中测试不同的自愈方案，确保在真实故障场景中能够快速响应。

（3）安全性与鲁棒性问题

在电力 CPS 中，自愈机制不仅要应对设备故障，还要防范网络攻击带来的安全威胁。

攻击者可能利用自愈机制的漏洞，恶意触发自愈过程，导致系统进入不稳定状态。因此，如何在保证系统自愈能力的同时，提升其鲁棒性和抗攻击能力，是设计自愈机制时需要考虑的重点问题。

为解决此问题，电力 CPS 的自愈机制应结合安全监控系统，确保自愈过程不会被恶意攻击者利用。通过集成入侵检测系统（IDS）和基于行为分析的防御机制，自愈系统可以在启动自愈操作前，验证故障的真实性，并对异常行为进行隔离和排查。此外，安全性测试和渗透测试应成为自愈机制开发过程中的标准步骤，以确保系统在面对复杂的攻击时能够维持其鲁棒性。

随着电力系统规模的扩大和复杂性的增加，恢复与自愈机制在未来将持续演进，成为电力 CPS 中不可或缺的安全保障技术。恢复与自愈机制的未来发展方向如下。

（1）智能化与全自动化自愈

未来的自愈机制将更加依赖人工智能和自动化技术，逐渐减少对人工干预的依赖。智能化的自愈系统不仅能够自动检测和修复故障，还能够自主学习新的故障模式，优化修复路径，实现完全自动化的故障处理过程。

（2）预测性维护的进一步发展

随着大数据分析和机器学习技术的进步，电力 CPS 中的预测性维护功能将得到进一步发展。系统将能够更加精确地预测设备的故障风险，并在故障发生前进行主动维护，防止系统中断。这将极大提高电力系统的运行可靠性，减少设备停机时间和维护成本。

（3）分布式自愈系统的推广

未来的电力 CPS 将更多地采用分布式自愈系统，依托边缘计算和物联网技术，实现更加灵活和高效的自愈功能。通过分布式自愈系统，电力公司可以在不同的网络节点上部署自愈能力，实现快速响应和本地化修复，减少对中心服务器的依赖，提高系统的可扩展性和可靠性。

恢复与自愈机制是现代电力 CPS 中不可或缺的组成部分，通过结合智能化技术，恢复与自愈机制能够有效提升电力系统的稳定性和安全性。通过智能化、自动化的技术手段，系统能够在遭遇故障或攻击时迅速检测并修复问题，减少停机时间，确保电力供应的连续性。恢复与自愈机制的实施不仅增强了电力 CPS 的应对能力，还为未来的电力系统安全发展提供了可靠的技术保障。

在未来，随着人工智能、机器学习、大数据分析等技术的不断发展，恢复与自愈机制将逐步走向全面智能化与自动化。通过分布式自愈系统和预测性维护，电力 CPS 将具备更高的适应性和鲁棒性，能够应对日益复杂的网络威胁和设备故障。自愈技术的持续进步将为电力系统的未来发展奠定坚实的基础，确保其在各种复杂环境中依然能够高效、安全地运行。

10.4　不同防御策略的比较与优化方案

电力 CPS 作为一个复杂的多层次架构，面临着多种网络攻击和物理入侵的威胁。为了确保系统的安全性和稳定性，必须采用多种防御策略，并根据实际应用场景对这些策略进行比较与优化。随着电力系统的规模不断扩大，攻击手段日益复杂，防御策略不仅要具有强大的防护能力，还要具备灵活性和适应性，以应对未知的威胁。

在本节中，我们将对常用的几种电力 CPS 防御策略进行详细比较，包括签名检测、防火墙、入侵检测系统（IDS）、入侵防御系统（IPS）、基于异常的检测、深度包检测（DPI）和分层安全模型等。通过对不同防御策略的优缺点分析，提出优化方案，旨在为构建一个全面而高效的电力 CPS 安全防御体系提供参考。

10.4.1　基于签名的防御策略

基于签名的防御策略是传统网络安全防御中最常用的一种方法，通过检测已知的攻击签名来识别并阻止恶意活动。该策略依赖于预先定义的攻击模式或特征库，入侵检测系统（IDS）会将流量与这些已知的签名进行匹配，如果找到匹配项，系统就会生成警报或采取行动。

基于签名的防御策略具有以下优点。

①高精确度。基于签名的检测策略在识别已知攻击时具有较高的精确度，能够迅速发现并阻止常见攻击，如病毒、蠕虫、恶意软件等。

②实时性强。由于匹配算法相对简单，基于签名的防御系统能够在极短的时间内作出响应，适合对已知攻击的实时防护。

但是，基于签名的防御策略具有以下缺点。

①无法检测未知攻击。基于签名的防御策略无法应对零日攻击（Zero-Day Attack）和高级持续性威胁（APT）。这些攻击往往利用未知的漏洞或变种，无法通过预先定义的签名库检测到。

②签名库更新滞后。签名库需要持续更新，但新型攻击的爆发可能快于签名的更新速度，导致系统在此期间存在安全漏洞。

为了弥补基于签名的防御策略的不足，可以与其他检测技术结合使用，例如基于行为的检测和异常检测技术。通过引入机器学习模型，防御系统可以动态更新签名库，识别出那些基于已知攻击特征变化的变种攻击。

10.4.2　基于行为和异常的防御策略

基于行为和异常的防御策略是通过分析系统的正常操作行为，建立基准，并检测偏离这一基准的行为模式。这类策略不依赖于预先定义的签名，而是通过检测异常活动来识别潜在威胁，特别适合应对未知攻击和内部威胁。

基于行为和异常的防御策略具有以下优点。

①未知威胁的检测能力。与基于签名的检测不同，基于行为的防御策略能够检测到零日攻击、APT 等利用未知漏洞的攻击。它通过分析系统行为的变化识别攻击，因此可以检测到新的、变种的攻击。

②内部威胁的防护。基于行为的防御策略能够检测到内部用户的异常行为或权限滥用，防止内部人员或已被攻陷的内部节点发起攻击。

但是，基于行为和异常的防御策略具有以下缺点。

①误报率较高。由于系统行为的复杂性，基于行为的检测策略往往会产生较高的误报率，导致正常操作被标记为异常行为。

②学习阶段长。这种策略需要较长的时间来学习和建立系统的正常行为基线，特别是在电力 CPS 中，设备和用户行为高度动态化。

为了弥补基于行为和异常的防御策略的不足，可以通过优化机器学习模型来降低误报率，例如采用无监督学习技术，自动发现潜在的异常模式。此外，通过结合基于签名的防御策略，防止已知攻击的误报，并利用聚类分析或深度学习技术更好地识别和理解正常行为与异常行为之间的差异。

10.4.3　入侵检测系统（IDS）与入侵防御系统（IPS）

入侵检测系统（IDS）和入侵防御系统（IPS）是电力 CPS 安全防护中的核心组件。IDS 负责监控网络流量或系统活动，并在检测到威胁时生成警报，而 IPS 则是在 IDS 的基础上直接采取行动，如阻止或封锁可疑流量。

入侵检测系统（IDS）与入侵防御系统（IPS）的优点如下。

①实时监控与响应。IDS 和 IPS 都能够提供实时的网络流量监控和事件响应功能，特别是在应对已知威胁和异常流量时，能够迅速采取防护措施。

②可扩展性。IDS 和 IPS 系统能够扩展到不同的网络层次和设备节点，提供针对整个网络的全面防护。

但是，入侵检测系统（IDS）与入侵防御系统（IPS）具有以下缺点。

①资源消耗大。IPS 需要对每个数据包进行深度分析，这对系统的计算和网络资源产生了很大的负担，特别是在处理高流量的电力系统中，可能会导致系统性能下降。

②误报与漏报。尽管 IPS 具有自动化防御能力，但过度依赖自动化可能导致误报率上升，或者在复杂攻击模式下出现漏报，错失真正的攻击。

为弥补 IDS 和 IPS 的不足，在 IDS 和 IPS 的基础上，可以引入大数据分析和智能优化技术，减少误报和漏报。例如，通过采用威胁情报融合技术，将来自多个安全平台的情报进行整合分析，提升检测的准确性。同时，在关键节点部署分布式 IDS/IPS，减少集中式系统的性能瓶颈。

10.4.4　深度包检测（DPI）

深度包检测（Deep Packet Inspection，DPI）是一种能够分析网络中每个数据包的内容，包括其应用层信息的技术。与传统的包过滤技术不同，DPI 不仅查看包头，还对包体进行分析，以识别潜在的威胁或违规行为。

深度包检测具有以下优点。

①细粒度的检测能力。DPI 可以深入到应用层，分析 HTTP、FTP、DNS 等协议，识别复杂攻击如 SQL 注入、跨站脚本攻击等。

②对流量的高控制权。DPI 能够基于内容进行数据流的控制，例如识别和阻止恶意数据、非法内容或不符合政策的数据包。

但是，深度包检测具有以下缺点。

①性能开销大。由于 DPI 需要对每个数据包进行深度分析，其计算和处理开销较大，特别是在高流量的电力 CPS 中，可能会显著影响系统性能。

②隐私问题。由于 DPI 能够查看数据包的详细内容，可能引发对用户隐私和数据安全的担忧，尤其是在涉及敏感信息的场景中。

为了提高 DPI 的效率，可以结合硬件加速技术，如采用专用的硬件防火墙或使用 FPGA（现场可编程门阵列）来加速数据包处理。此外，通过与基于流量行为的检测技术结合，可以减少对所有流量的完全分析，优化 DPI 的性能表现。

10.4.5　分层安全模型

分层安全模型是一种针对电力 CPS 多层次结构的安全防护策略，它将系统划分为多个层次（如物理层、网络层、应用层、数据层等），在每个层次上部署独立的防护措施。通过分层设计，可以减少单一层次安全失效对整个系统的影响。

分层安全模型具有以下优点。

①隔离与纵深防御。分层安全模型能够有效地将系统分隔开，每一层次都有独立的防御措施，增强了系统的纵深防御能力。

②灵活性与模块化设计。不同层次可以部署不同的安全策略，灵活应对各层次的特定威胁。例如，物理层的防护措施注重物理安全，而数据层的防护策略侧重于数据加密与访问控制。

但是，分层安全模型具有以下缺点。

①协调复杂。由于各层次的防御措施可能涉及不同的技术和平台，协调各层次的防护机制是一项挑战，特别是在处理跨层攻击时，信息共享和协同响应难度较大。

②资源分散。分层安全模型要求在多个层次上部署防护措施，可能导致资源分散，增加了系统的复杂性和维护成本。

为弥补分层安全模型的不足，通过采用集中的安全管理平台，能够实现不同层次之间的统一管理和协调。协调不同层次的防御措施，同时减少管理开销，是提升分层安全模型效能的关键。通过集中化的安全管理平台，系统能够在各层之间共享安全信息，协同响应跨层次的攻击威胁。此外，模块化的设计可以进一步优化分层防御策略，使得每个层次的安全机制独立运作，从而提升系统的整体防御能力。

10.4.6　基于零信任架构的防御策略

零信任架构（ZTA）是一种基于"永不信任、始终验证"的安全模型。在这种架构下，任何设备、用户或应用都必须通过严格的身份验证与权限管理，才能获得访问系统资源的许可。零信任架构在电力 CPS 中逐渐获得广泛应用，特别是在防范内部威胁和动态网络攻击方面具有独特优势。

基于零信任架构的防御策略具有以下优点。

①增强的访问控制。零信任架构确保每次访问都要经过多因素认证和权限验证，不仅可以防止外部攻击，还可以防止内部用户滥用权限。

②动态响应与持续验证。零信任模型强调动态响应与持续验证，无论是用户身份、设

备状态，还是通信环境的变化，都会触发新的安全验证，确保系统始终处于受控状态。

但是，基于零信任架构的防御策略具有以下缺点。

①实现复杂。零信任架构的实施需要对现有系统进行大规模的改造，包括身份认证系统的升级、细粒度访问控制策略的制定等，实施成本较高。

②性能影响。由于零信任架构需要频繁进行验证和访问控制，可能导致系统性能下降，特别是在高并发访问的场景中，验证过程可能成为瓶颈。

为了减少零信任架构的实施成本，可以结合现有的身份认证系统和权限管理平台，通过逐步过渡的方式实现零信任架构。此外，可以通过缓存技术或局部授权机制减少重复验证的次数，从而提高系统性能。

10.4.7　基于人工智能的智能防御策略

随着攻击手段的日益复杂，传统的防御策略已经难以应对复杂的网络环境。基于人工智能的智能防御策略通过机器学习、深度学习等技术，实时分析系统的行为，识别潜在威胁，并自动调整防御策略。智能防御系统不仅能够检测已知威胁，还能够预测未来可能发生的攻击，具备主动防御能力。

基于人工智能的智能防御策略具有以下优点。

①动态学习与自适应能力。人工智能技术使得防御系统能够基于历史数据和实时数据不断学习和进化，动态调整防御策略，从而应对未知威胁。

②大规模数据处理能力。通过大数据分析技术，智能防御系统能够在处理海量流量和复杂网络活动时保持高效，快速识别潜在威胁。

但是，基于人工智能的智能防御策略具有以下缺点。

①误报问题。由于机器学习模型在学习过程中可能受到训练数据的限制，智能防御系统有时会产生误报，标记正常行为为异常。

②模型训练需求高。人工智能系统需要大量的数据进行训练，特别是在电力 CPS 这种高度动态的环境中，模型需要定期更新以保持准确性。

在基于人工智能的智能防御策略中，为了减少误报问题，可以采用无监督学习算法，自动适应电力系统中不同设备和用户的行为模式，减少对标记数据的依赖。此外，定期进行模型重训练，并结合专家系统和规则引擎，能够提高模型的准确性和实用性。

10.4.8　不同防御策略的整合与优化

在电力 CPS 中，单一的防御策略往往难以应对复杂多样的攻击，因此需要整合多种防御策略，构建一个全面的纵深防御体系。通过结合基于签名、基于行为、深度包检测、零信任架构以及人工智能技术等多层次的防御机制，可以有效提升系统的安全性。建议采用下面的优化整合方案。

①多层次防御模型。通过将基于签名的检测与基于行为的检测相结合，既能够快速检测已知威胁，又能有效识别未知攻击。结合深度包检测技术，能够在应用层进行更细粒度的控制。

②智能化与自动化结合。通过引入人工智能和自动化技术，系统可以实现对大规模流

量的实时监控和动态响应。结合自动化补丁管理和智能隔离机制，系统能够在威胁发生后迅速修复漏洞并隔离受感染设备。

③安全管理平台的统一管理。将分层防御模型与零信任架构相结合，通过集中化管理平台实现对整个系统的统一管理，减少各层之间的冲突与信息孤岛问题。统一管理平台能够实时收集系统日志、网络流量、用户行为等数据，提升防御体系的协调性和响应速度。

不同的防御策略在电力 CPS 中各具优势与局限，针对特定威胁场景，必须灵活选择和优化防御策略。通过结合基于签名、基于行为、深度包检测、零信任架构和人工智能技术，电力公司可以构建一个更为全面、动态和智能的防御体系，既能够应对当前的安全挑战，又能有效防范未来潜在的威胁。

在未来，随着人工智能、大数据和量子加密等技术的发展，电力 CPS 的防御体系将变得更加灵活和智能。通过持续优化和整合不同的防御策略，电力系统将具备更高的适应性和抗攻击能力，从而确保其在复杂的网络环境中依然保持高效和安全的运行。

参 考 文 献

［1］汤奕，陈倩，李梦雅，等. 电力信息物理融合系统环境中的网络攻击研究综述［J］. 电力系统自动化，2016，40（17）：59-69.

［2］Gungor, V. C., Sahin, D., Kocak, T., et al. Smart grid technologies：Communication technologies and standards［J］. IEEE transactions on Industrial informatics, 2011, 7（4），529-539.

［3］Moslemi, Ramin, Afshin Mesbahi, et al. A fast, decentralized covariance selection-based approach to detect cyber attacks in smart grids［J］. IEEE Transactions on Smart Grid, 2018, 9（5）：4930-4941.

［4］Xiang Y, Ding Z, Zhang Y, et al. Power system reliability evaluation considering load redistribution attacks［J］. IEEE Transactions on Smart Grid, 2017, 8（2）：889-901.

［5］Woo P S, Kim B H. Methodology of Cyber Security Assessment in the Smart Grid［J］. Journal of Electrical Engineering & Technology, 2017, 12（2）：495-501.

［6］Gill H. From vision to reality：cyber-physical systems［C］. Presentation, HCSS National Workshop on New Research Directions for High Confidence Transportation CPS：Automotive, Aviation, and Rail, 2008：1-29.

［7］郭楠，贾超.《信息物理系统白皮书（2017）》解读（下）［J］. 信息技术与标准化，2017（5）：43-48.

［8］王士政. 电力系统控制与调度自动化（第二版）［M］. 北京：中国电力出版社，2008.

［9］Gungor VC, Lambert FC. A survey on communication networks for electric system automation. Computer Networks. 2006 May 15;50（7）：877-97.

［10］Khaitan S K, McCalley J D. Design techniques and applications of cyber-physical systems：A survey. IEEE systems journal. 2014;9（2）：350-65.

［11］Yan Y, Qian Y, Sharif H, et al. A survey on cyber security for smart grid communications. IEEE communications surveys & tutorials. 2012 Jan 30;14（4）：998-1010.

［12］Rowe BM. A survey of SCADA and critical infrastructure incidents Proceedings of the 1st Annual Conference on Research in Information Technology. RIIT. 2012;12：51-6.

［13］Coffey K, Maglaras LA, Smith R, et al. Vulnerability assessment of cyber security for SCADA systems. Guide to Vulnerability Analysis for Computer Networks and Systems：An Artificial Intelligence Approach. 2018：59-80.

［14］孔勇，范佳雪. 美国关键基础设施保护时代开启——第 13010 号行政令《关键基础设施保护》解读［J］. 中国信息化，2022（3）：39-40.

［15］Anderson P S. Critical Infrastructure Protection in the Information Age［R］. Executive Office of the President Executive Order 13231. 2001.

［16］孔勇，范佳雪. 信息时代下美国关键基础设施加强信息系统保护——《信息时代的关键基础设施保护》解读［J］. 中国信息化，2022（7）：48-52.

［17］Policy C. The National Strategy to Secure Cyberspace［EB/OL］.（2003）.［2024.11.5］. https：//www. energy. gov/ceser/articles/national-strategy-secure-cyberspace-february-2003.

［18］Executive Office of the President. Critical Infrastructure Identification, Prioritization, and Protection［R］. 2003.

［19］崔书昆. 解读美国"54 号国家安全总统令"［J］. 信息网络安全，2008（11）：16-16.

［20］The White House Office of the Press Secretary. Improving Critical Infrastructure Cybersecurity ［R］. Executive Order 13636, 2013.

［21］Johnson E B. Grid Cybersecurity Research and Development Act［R］. 2017.

［22］电力能源. 拜登政府启动关基保护首个试点项目：电力行业网络安全百日［EB/OL］. ［2024.11.5］. https：//www. secrss. com/articles/30682.

［23］刘山泉. 德国关键信息基础设施保护制度及其对我国《网络安全法》的启示［J］. 信息安全与通信保密，2015（9）：86-90.

［24］刘权，方琳琳. 法国信息系统防御和安全战略［J］. 中国信息安全，2011（10）：66-70.

［25］Fritzon, Å., Ljungkvist, et al. Protecting Europe's critical infrastructures：problems and prospects［J］. Journal of contingencies and crisis management, 2007, 15（1）：30-41.

［26］Industrial Control Systems Security Recommendations［R］. European Network and Information Security Agency, 2011.

［27］IEC 62351-1, Data and Communication Security, Introduction and Overview［S］. International Electrotechnical Commission, 2005.

［28］Standards CIP-002 through CIP-009 Cyber Security［S］. North American Electric Reliability Council（NERC）, 2006.

［29］Barclay C. Sustainable security advantage in a changing environment：The Cybersecurity Capability Maturity Model（CM2）［A］. Proceedings of the 2014 ITU kaleidoscope academic conference：Living in a converged world-Impossible without standards?［C］. IEEE, 2014：275-282.

［30］Stevens J. Electricity subsector cybersecurity capability maturity model（es-c2m2）［R］. Carnegie-mellon Univ Pittsburgh Pa Software Engineering Inst, 2014.

［31］Federal Energy Regulatory Commission. Cyber Planning for Response and Recovery Study ［R］. 2020.

［32］Vellaithurai C, Srivastava A, Zonouz S, et al. CPIndex：Cyber-physical vulnerability assessment for power-grid infrastructures［J］. lEEE Transactions on Smart Grid, 2014, 6（2）：566-575.

［33］Sun X, Dai J, Liu P, et al. Using Bayesian networks for probabilistic identification of zero-day attack paths［J］. lEEE Transactions on Information Forensics and Security, 2018, 13（10）：2506-2521.

［34］Patel A, Alhussian H, Pedersen J M, et al. A nifty collaborative intrusion detection and prevention architecture for smart grid ecosystems［J］. Computers&Security，2017，64：92-109.

［35］Dhar S, Bose I. Securing IoT devices using zero trust and blockchain［J］Journal of Organizational Computing and Electronic Commerce. 2021，31（1）：18-34.

［36］Chattopadhyay A, Mitra U. Security against false data-injection attack in cyber-physical systems［J］. IEEE Transactions on Control of Network Systems，2019，7（2）：1015-1027.

［37］电网与电厂计算机监控系统及调度数据网络安全防护规定［S］. 北京：国家经济贸易委员会，2002.

［38］全国电力二次系统安全防护总体方案［S］. 北京：全国电力二次系统安全防护专家组、工作组，2003.

［39］监管委员会令第5号. 电力二次系统安全防护规定［S］. 北京：国家电力监管委员会，2005.

［40］电监信息第62号. 电力行业信息系统安全等级保护基本要求［S］. 北京：国家电力监管委员会，2012.

［41］国家发展和改革委员会令第14号. 电力监控系统安全防护规定［S］. 北京：国家发展和改革委员会，2014.

［42］国家能源局. 国家能源局关于加强电力行业网络安全工作的指导意见［R］北京：国家能源局，2018.

［43］工业和信息化部. 工业控制系统信息安全防护指南［R］. 北京：工业和信息化部，2016.

［44］中华人民共和国网络安全法［S］. 北京：全国人民代表大会常务委员会，2017.

［45］信息安全技术网络安全等级保护基本要求［S］. 北京：中国国家标准化管理委员会，2019.

［46］中华人民共和国密码法［S］. 北京：全国人民代表大会常务委员会，2020.

［47］关键信息基础设施安全保护条例［Z］. 北京：国务院，2021.

［48］网络关键设备安全通用要求［S］. 北京：国家市场监督管理总局、国家标准化管理委员会，2021.

［49］吴克河. 电力信息系统安全防御体系及关键技术的研究［D］. 北京：华北电力大学，2009.

［50］张彤. 电力可信网络体系及关键技术的研究［D］. 北京：华北电力大学，2013.

［51］张之刚. 电力监控网络安全态势智能感知方法研究［D］. 战略支援部队信息工程大学，2019.

［52］王蕾. 电力信息物理协同攻击检测与序列模式挖掘方法研究［D］. 东北电力大学，2021.

［53］倪震. 电力工控网络安全风险分析与预测关键技术研究［D］. 南京理工大学，2018.

［54］He H, Yan J. Cyber-physical attacks and defences in the smart grid：a survey. IET Cyber-Physical Systems：Theory & Applications，2016，1（1）：13-27.

［55］Sridhar S, Hahn A, Govindarasu M. Cyber-physical system security for the electric power grid. Proceedings of the IEEE，2011，100（1）：210-224.

［56］Buldyrev S V, Parshani R, Paul G, et al. Catastrophic cascade of failures in interdependent networks [J]. Nature, 2010, 464(7291): 1025-1028.

[57] Huang X, Gao J, Buldyrev S V, et al. Robustness of interdependent networks under targeted attack [J]. Physical Review E, 2011, 83(6): 065101.

[58] Parshani R, Buldyrev S V, Havlin S. Interdependent networks: Reducing the coupling strength leads to a change from a first to second order percolation transition [J]. Physical review letters, 2010, 105(4): 048701.

[59] Shao J, Buldyrev S V, Havlin S, et al. Cascade of failures in coupled network systems with multiple support-dependence relations [J]. Physical Review E, 2011, 83(3): 036116.

[60] Hu Y, Ksherim B, Cohen R, et al. Percolation in interdependent and interconnected networks: Abrupt change from second-to first-order transitions [J]. Physical Review E, 2011, 84(6): 066116.

[61] Buldyrev S V, Shere N W, Cwilich G A. Interdependent networks with identical degrees of mutually dependent nodes[J]. Physical Review E, 2011, 83(1): 016112.

[62] Yagan O, Qian D, Zhang J, et al. Optimal allocation of interconnecting links in cyber-physical systems: Interdependence, cascading failures, and robustness [J]. IEEE Transactions on Parallel and Distributed Systems, 2012, 23(9): 1708-1720.

[63] Li W, Bashan A, Buldyrev S V, et al. Cascading failures in interdependent lattice networks: The critical role of the length of dependency links[J]. Physical review letters, 2012, 108 (22): 228702.

[64] Kornbluth Y, Lowinger S, Cwilich G, et al. Cascading failures in networks with proximate dependent nodes[J]. Physical Review E, 2014, 89(3): 032808.

[65] Huang Z, Wang C, Stojmenovic M, et al. Characterization of cascading failures in interdependent cyber-physical systems[J]. IEEE Transactions on Computers, 2015, 64(8): 2158-2168.

[66] Gao J, Buldyrev S V, Havlin S, et al. Robustness of a network formed by n interdependent networks with a one-to-one correspondence of dependent nodes[J]. Physical Review E, 2012, 85(6): 066134.

[67] Gao J, Buldyrev S V, Stanley H E, et al. Percolation of a general network of networks [J]. Physical Review E, 2013, 88(6): 062816.

[68] Wei J, Kundur D, Zourntos T, et al. A flocking-based paradigm for hierarchical cyber-physical smart grid modeling and control[J]. IEEE Transactions on Smart Grid, 2014, 5 (6): 2687-2700.

[69] Wei J, Kundur D, Zourntos T, et al. A flocking-based dynamical systems paradigm for smart power system analysis[C]. IEEE Power and Energy Society General Meeting, San Diego, CA, USA, 22-26 July, 2012: 1-8.

[70] Mary T J, Rangarajan P. Delay-dependent stability analysis of microgrid with constant and time-varying communication delays[J]. Electric Power Components and Systems, 2016, 44 (13): 1441-1452.

[71] Ye H, Gao W, Mou Q, et al. Iterative infinitesimal generator discretization-based method for eigen-analysis of large delayed cyber-physical power system[J] Electric Power Systems

Research, 2017, 143：389-399.

［72］马爽，徐震，王利明. 基于集合论的电网信息物理系统模型构建方法［J］. 电力系统自动化，2017，41(06)：1-5.

［73］Nezamoddini N, Mousavian S, Erol-Kantarci M. A risk optimization model for enhanced power grid resilience against physical attacks［J］. Electric Power Systems Research, 2017, 143：329-338.

［74］郭嘉，韩宇奇，郭创新，等. 考虑监视与控制功能的电网信息物理系统可靠性评估［J］. 中国电机工程学报，2016，36(08)：2123-2130.

［75］Susuki Y, Koo T J, Ebina H, et al. A hybrid system approach to the analysis and design of power grid dynamic performance［J］. Proceedings of the IEEE, 2012, 100(1)：225-239.

［76］Singh A K, Singh R, Pal B C. Stability Analysis of Networked Control in Smart Grids［J］. IEEE Transactions on Smart Grid, 2017, 6(1)：381-390.

［77］Jaleeli N, VanSlyck L S, Ewart D N, et al. Understanding automatic generation control［J］. IEEE transactions on power systems, 1992, 7(3)：1106-1122.

［78］Terzija V V, Valverde G, Cai D, et al. Wide-area monitoring, protection, and control of future electric power networks［J］. Proceedings of the IEEE, 2011, 99(1)：80-93.

［79］Hashiesh F, Mostafa H E, Khatib A R, et al. An intelligent wide area synchrophasor based system for predicting and mitigating transient instabilities［J］. IEEE Transactions on Smart Grid, 2012, 3(2), 645-652.

［80］Parandehgheibi M, Modiano E, Hay D. Mitigating cascading failures in interdependent power grids and communication networks［C］. IEEE International Conference on Smart Grid Communications, Venice, Italy, 3-6 November, 2014：242-247.

［81］赵俊华，文福拴，薛禹胜，等. 电力信息物理融合系统的建模分析与控制研究框架［J］. 电力系统自动化，2011，35(16)：1-8.

［82］郭庆来，辛蜀骏，孙宏斌，等. 电力系统信息物理融合建模与综合安全评估：驱动力与研究构想［J］. 中国电机工程学报，2016，36(06)：1481-1489.

［83］张宇栋，曹一家，包哲静. 输电线路开断状态信息传输失真对连锁故障的影响［J］. 电力系统自动化，2012，36(24)：4-9.

［84］张宇栋. 基于复杂系统理论的连锁故障大停电研究［D］. 杭州：浙江大学，2013.

［85］曹一家，张宇栋，包哲静. 电力系统和通信网络交互影响下的连锁故障分析［J］. 电力自动化设备，2013，33 (1)：7-11.

［86］王先培，田猛，董政呈，等. 通信光缆故障对电力网连锁故障的影响［J］. 电力系统自动化，2015，39(13)：58-62+93.

［87］董政呈，方彦军，田猛. 不同耦合方式和耦合强度对电力-通信耦合网络的影响［J］. 高电压技术，2015，41(10)：3464-3469.

［88］Cai Y, Cao Y, Li Y, et al. Cascading failure analysis considering interaction between power grids and communication networks［J］. IEEE Trans. Smart Grid, 2016, 7(1)：530-538.

［89］赵晋泉，叶君玲，邓勇. 直流潮流与交流潮流的对比分析［J］. 电网技术，2012，36(10)：147-152.

［90］王楠, 张粒子, 黄巍, 等. 电力系统安全经济调度网损协调优化方法［J］. 电网技术, 2010, 34(10)：105-108.

［91］蔡泽祥, 王星华, 任晓娜. 复杂网络理论及其在电力系统中的应用研究综述［J］. 电网技术, 2012, 36(11)：114-121.

［92］Erdos P, Rényi A. On the evolution of random graphs［J］. Publ. Math. Inst. Hung. Acad. Sci, 1960, 5(1)：17-60.

［93］Watts D J, Strogatz S H. Collective dynamics of "small-world" networks［J］. Nature, 1998, 393(6684)：440-442.

［94］Barabási, A L, Albert R. Emergence of scaling in random networks［J］. Science, 1999, 286(5439)：509-512.

［95］Buldyrev S V, Parshani R, Paul G, et al. Catastrophic cascade of failures in interdependent networks［J］. Nature, 2010, 464(7291)：1025-1028.

［96］韩祯祥. 电力系统分析(第 5 版)［M］. 杭州：浙江大学出版社, 2013.

［97］Wang C, Zhu Y, Shi W, et al. A dependable time series analytic framework for cyber-physical systems of loT-based smart grid［J］. ACM Transactions on Cyber-Physical Systems, 2018, 3(1)：1-18.

［98］Farraj A, Hammad E, Kundur D. A cyber-physical control framework for transient stability in smart grids［J］. IEEE Transactions on Smart Grid, 2018, 9(2)：1205-1215.

［99］Libao S, Qiangsheng D, Yixin N. Cyber-physical interactions in power systems：A review of models, methods, and applications［J］. Electric Power Systems Research, 2018, 163：396-412.

［100］Davis K R, Davis C M, Zonouz S A, et al. A cyber-physical modeling and assessment framework for power grid infrastructures［J］. IEEE Transactions on Smart Grid, 2015, 6(5)：2464-2475.

［101］Ilic M D, Xie L, Khan U A, et al. Modeling of future cyber-physical energy systems for distributed sensing and control［J］. IEEE Transactions on Systems, Man, and Cybernetics-Part A：Systems and Humans, 2010, 40(4)：825-838.

［102］Akhtar T, Gupta B B. Towards a Framework for Analyzing Cyber Attacks Impact Against Smart Power Grid on SCADA System［C］. IEEE International Conference on Communication and Signal Processing (ICCSP), Chennai, India, 3-5 April, 2018：1087-1093.

［103］Carlini E M, Giannuzzi G M, Mercogliano P, et al. A decentralized and proactive architecture based on the cyber physical system paradigm for smart transmission grids modelling, monitoring and control［J］. Technology and Economics of Smart Grids and Sustainable Energy, 2016, 1(1)：1-15.

［104］Nan C, Eusgeld I, Kröger W. Analyzing vulnerabilities between SCADA system and SUC due to interdependencies［J］. Reliability Engineering&System Safety, 2013, 113：76-93.

［105］Mousavi-Seyedi S S, Aminifar F, Afsharnia S. Application of WAMS and SCADA data to online modeling of series-compensated transmission lines［J］. IEEE Transactions on Smart Grid, 2017, 8(4)：1968-1976.

［106］Ashok A, Hahn A, Govindarasu M. Cyber-physical security of wide-area monitoring, protection and control in a smart grid environment［J］. Journal of advanced research，2014，5（4）：481－489.

［107］ Stefanov A，Liu C C. Cyber－physical system security and impact analysis［J］. IFAC Proceedings Volumes，2014，47（3）：11238－11243.

［108］ 国家发展改革委，国家能源局. 关于促进智能电网发展的指导意见［EB］.〔2015〕1518 号［2024－11－6］. http：//www. nea. gov. cn/2015－07/07/c_134388049. htm.

［109］ Machowski J，Bialek JW，Bumby JR. Power System Dynamics：Stability and Control（Second Edition）［M］. UK：Wiley，2008.

［110］ 夏于飞. 成品油管道的运行与技术管理［M］. 北京：中国科学技术出版社，2010，153－156.

［111］ 孙健琦，倪威中，陈敏. 新型配电自动化终端 DTU 模块化系统优化设计探讨［J］. 数字通信世界，2018（12）：260－261+132.

［112］ 吴君丽. 配电自动化远方控制终端（FTU）常见故障探析［J］. 通讯世界，2016（20）：138－139.

［113］ Russell SJ，Norvig P. Artificial intelligence：a modern approach［M］. Pearson，2016.

［114］ Berghout T，Benbouzid M，Muyeen SM. Machine learning for cybersecurity in smart grids：A comprehensive review－based study on methods，solutions，and prospects［J］. International Journal of Critical Infrastructure Protection. 2022 Sep 1；38：100547.

［115］ Fang X，Misra S，Xue G，et al. Smart grid—The new and improved power grid：A survey［J］. IEEE communications surveys & tutorials. 2011，14（4）：944－980.

［116］ Lu R，Liang X，Li X，et al. EPPA：An efficient and privacy－preserving aggregation scheme for secure smart grid communications［J］. IEEE Transactions on Parallel and Distributed Systems. 2012，23（9）：1621－1631.

［117］ Gao J，Xiao Y，Liu J，et al. A survey of communication/networking in smart grids［J］. Future generation computer systems. 2012，28（2）：391－404.

［118］ Zyskind G，Nathan O. Decentralizing privacy：Using blockchain to protect personal data［C］. In 2015 IEEE security and privacy workshops. 2015 May 21：180－184.

［119］ Mitchell R，Chen IR. A survey of intrusion detection techniques for cyber－physical systems［J］. ACM Computing Surveys（CSUR）. 2014，46（4）：1－29.

［120］ SCARFONE K. Guide to Intrusion Detection and Prevention Systems（IDPS）. NIST special publication. 2007.

［121］ 王琦，李梦雅，汤奕，等. 电力信息物理系统网络攻击与防御研究综述（一）建模与评估［J］. 电力系统自动化，2019，43（9）：9－21.